Rheinisch-Westfälische Akademie der Wissenschaften

Natur-, Ingenieur- und Wirtschaftswissenschaften Vorträge · N 329

Herausgegeben von der
Rheinisch-Westfälischen Akademie der Wissenschaften

WILFRIED B. KRÄTZIG

Große Naturzugkühltürme –
Bauwerke der Energie- und Umwelttechnik

HELMUT DOMKE

Neue Möglichkeiten in der
Konstruktiven Gestaltung von Bauwerken

Westdeutscher Verlag

308. Sitzung am 21. September 1983 in Düsseldorf

CIP-Kurztitelaufnahme der Deutschen Bibliothek

Krätzig, Wilfried B.:

Große Naturzugkühltürme - Bauwerke der Energie- und Umwelttechnik / Wilfried B. Krätzig. Neue Möglichkeiten in der Konstruktiven Gestaltung von Bauwerken / Helmut Domke. - Opladen: Westdeutscher Verlag, 1984.

(Vorträge / Rheinisch-Westfälische Akademie der Wissenschaften: Natur-, Ingenieur- u. Wirtschaftswiss.; N 329)
ISBN-13: 978-3-531-08329-2 e-ISBN-13: 978-3-322-85661-6
DOI: 10.1007/978-3-322-85661-6

NE: Domke, Helmut: Neue Möglichkeiten der Konstruktiven Gestaltung von Bauwerken; Rheinisch-Westfälische Akademie der Wissenschaften (Düsseldorf): Vorträge / Natur-, Ingenieur- und Wirtschaftswissenschaften

Herstellung: Westdeutscher Verlag

ISSN 0066-5754
ISBN-13: 978-3-531-08329-2

Inhalt

Große Naturzugkühltürme – Bauwerke der Energie- und Umwelttechnik

von *Wilfried B. Krätzig*, Bochum

1. Einführung

Aus ingenieur-historischer Sicht beruht unsere technische Zivilisation vor allem auf dem verbreiteten Einsatz preiswerter Energie. Ihre bleibende Verfügbarkeit ist für unser an Rohstoffen armes Land eine hochpolitische Aufgabe, um diesem Wohlstand und soziale Stabilität zu erhalten. Die hierzu notwendigen Produktionstechniken auf die natürlichen Ressourcen und die Regenerationsfähigkeit unserer Umwelt abzustimmen, verstehen wir heute als oberste Maxime einer menschlichen Technik. In beiden Bestrebungen spielen die Bauwerke dieses Vortrages eine Schlüsselrolle: Naturzugkühltürme sind wichtige Bauwerke einer modernen *Energietechnik* und des technischen *Umweltschutzes.*

Welche Funktion besitzt der Kühlturm eines thermischen Kraftwerks? In einem solchen Kraftwerk gemäß Bild 1 treibt der im Kessel erhitzte Dampf die Turbine,

Bild 1: Schema eines Kohlekraftwerkes mit Naturzugnaßkühlturm

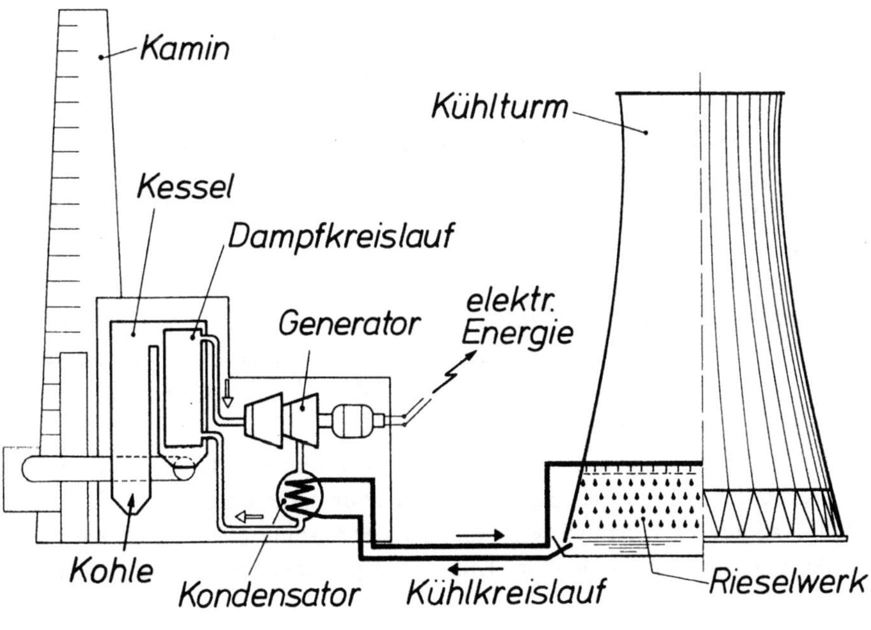

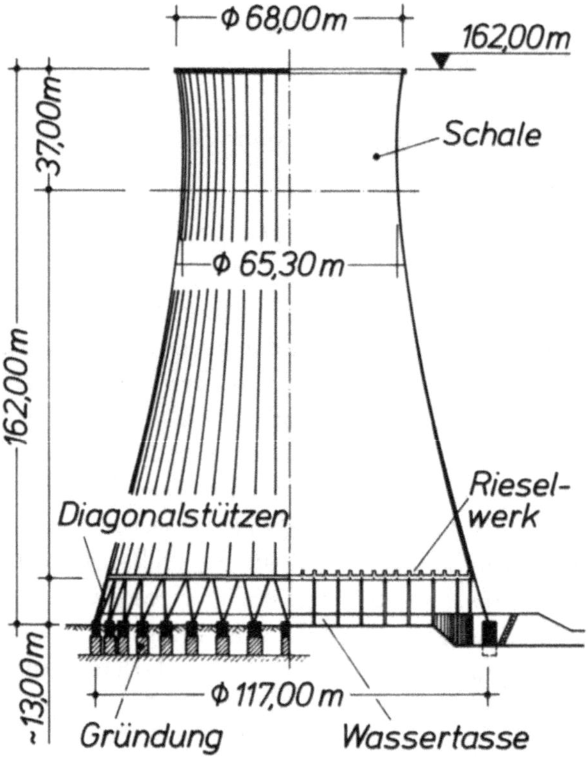

Bild 2: 1300-MW-Naturzugnaßkühlturm

und der angekoppelte Generator erzeugt den elektrischen Strom. Um eine wirkungsvolle Wärmesenke im Dampfkreislauf hinter der Turbine zu schaffen, wird dort der Abdampf im Kondensator kondensiert und durch die Speisewasserpumpe wieder in den Kessel eingespeist. Dieser Kondensationsprozeß erfordert große Mengen von Kühlwasser, welches sich dabei erwärmt und in einem Kühlturm, dem zentralen Bauwerk des Kühlkreislaufs, kontinuierlich rückgekühlt werden kann.

Selbst in den modernsten Wärmekraftwerken wird immer noch nicht wesentlich mehr als 40% der erzeugten Wärme in elektrische Energie umgewandelt. Die verbleibenden 60% werden an die Umgebung abgegeben: ein kleiner Teil über den Kamin, der überwiegende über den Kühlkreislauf.

Früher entnahm man das Kühlwasser Flüssen und Seen (direkte oder Frischwasserkühlung) und leitete das erwärmte Wasser in diese zurück. In einem 1300 MW-Naßkühlturm, beispielsweise für eines der Kernkraftwerke mit Siedewasserreaktor, zirkulieren bis zu 50 m^3 Kühlwasser pro Sekunde. Würde man ein der-

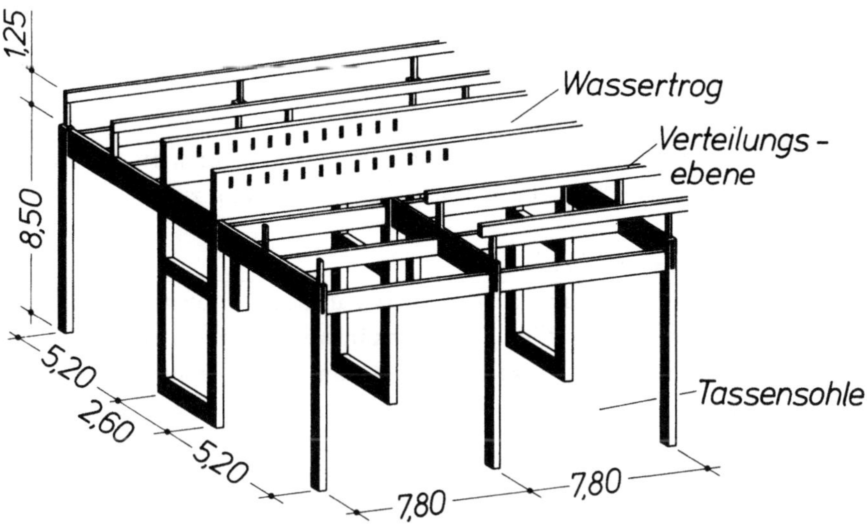

Bild 3: Rieselwerkskonstruktion

artiges Kraftwerk für direkte Flußwasserkühlung auslegen, so müßte man Flüsse wie die Ruhr, die Sieg oder die Lahn – jeweils an ihrer Mündung – im Jahresmittel vollständig durch den Kondensator leiten. Diese Flüsse würden dabei um bis zu 5 K erwärmt werden, wohlgemerkt, im Jahresmittel! In Niedrigwasserzeiten sind Erwärmungen bis 30 K möglich: Kühltürme sind somit wichtige Bauwerke des *technischen Umweltschutzes.* Ohne sie wären vermutlich die meisten unserer durch Abwässer ohnehin stark belasteten, natürlichen Wasserläufe – wegen des mit der Erwärmung verbundenen Sauerstoffverlustes – längst zu stinkenden Kloaken atrophiert.

Aus welchen Komponenten besteht nun ein derartiger Naturzugkühlturm und welche Funktionen besitzen diese? Mit Blick auf die Bilder 2 und 3 unterscheiden wir folgende Bauteile:

Warmwasserzulauf und Wasserverteilung:

Das aus dem Kondensator mit Temperaturen von ca. 25–30 K kommende warme Kühlwasser wird über den zentralen Wasserzulauf dem Kühler zugeführt und oberhalb des Rieselwerkes in Wasserkanälen, abzweigenden Rohrleitungen und Spritzdüsen möglichst gleichmäßig über die Kühlergrundfläche verteilt. Es rinnt sodann über mehrere Ebenen von Rieselplatten und tropft an deren Unterkanten als feiner Regen ab.

Rieselwerk und Kühlzone:

Dieser warme Regen durchfällt im freien Fall die Kühlzone von ca. 10–15 m Höhe, dabei kühlt er sich durch Konvektion und Verdunstung um höchstens 5 K ab. Die Kühlzone ist i. a. identisch mit der wasserfreien Höhe der Stützen des Rieselwerks und der Wasserverteilung.

Wassertasse und Auslaufbauwerk:
Das abgekühlte Wasser sammelt sich in der Wassertasse. Durch das Auslaufbauwerk wird es über das Pumpenhaus erneut dem Kondensator zugeführt.

Kühlerschale, Stützen und Fundamente:
In der Kühlzone wird Wärme aus dem Wasser an die Innenluft abgegeben, diese steigt auf und zieht durch den Kühllufteintritt kühlere Frischluft in das Innere nach. So entsteht ein kontinuierlich ablaufender Kühlprozeß. Die alles überragende Kühlerschale, die am Lufteintritt durch Schrägstützen getragen wird, dient somit einzig der Abschirmung der inneren Thermik von äußeren Turbulenzen.

Dies sind die Komponenten eines Naturzugkühlturmes; bei einem *Zwangskühler* wird die sich ausbildende Thermik durch Ventilatoren verstärkt oder gar vollständig erzeugt. Der geschilderte Prozeß erfordert den laufenden Ersatz von bis zu 1% verdunstendem Wasser, bei 50 m^3/s umlaufendem Kühlwasser immerhin 500 l/s. Will man auch dieses Verlustwasser eines *Naßkühlers* einsparen, muß das Kühlwasser in einem geschlossenen Kreislauf, einem überdimensionalen Autokühler vergleichbar, den Turm passieren. Man spricht dann von einem *Trockenkühlturm*, dessen Wirkungsgrad jedoch wegen der fehlenden Verdunstung weitaus schlechter ist.

Naturzugkühltürme gehören als Bauten der Energiewirtschaft einem Bereich unserer Technik an, der in jüngster Vergangenheit in besonderem Maße der neuen Technikkritik verschiedener gesellschaftlicher Gruppen ausgesetzt war. Wir leben wohl in einer Zeit, in welcher uns die schädlichen Einflüsse der Technik besonders bewußt werden, während der beispiellose materielle Wohlstand, dessen wir uns in Deutschland dank dieser Technik erfreuen, unterbewertet wird. Dies gilt insbesondere für die Versorgung mit preiswerter, umweltfreundlicher elektrischer Energie, die wiederum ohne große Naturzugkühltürme undenkbar wäre.

Für den Ingenieur sind diese Naturzugkühltürme kühne Ingenieurbauwerke und zugleich sichere Kraftwerkskomponenten. Manchem Mitbürger sind sie Ausdruck einer Gigantomanie unserer Technik, aber ihre Größe wird durch die Wirtschaftlichkeit der erzeugten elektrischen Energie erzwungen. Sie schützen unsere natürlichen Gewässer vor der thermischen Atrophierung, jedoch sie sind auch grandiose Denkmäler für das Unvermögen unserer Technik, denn mehr als die Hälfte der eingesetzten Wärmeenergie leiten sie ungenutzt in die Umwelt. Ambivalenz der Technikkritik: Vorhandene Technik ist immer der Ansporn zur Fortentwicklung dieser Technik gewesen; nur mehr Wissen, mehr Fantasie und Wagnis führen zu besseren technischen Lösungen.

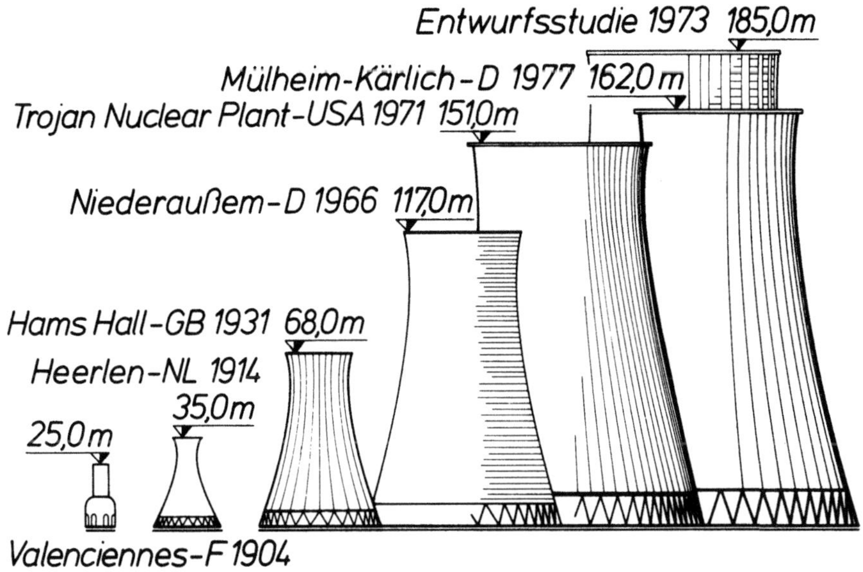

Bild 4: Geschichtliche Entwicklung von Naturzugkühltürmen

2. *Kurze Baugeschichte*

Mit der Verbreitung der elektrischen Energie Ende des 19. Jahrhunderts versuchte man zunächst diejenigen Kraftwerke, die über keine natürlichen Kühlwasserressourcen verfügten, mit künstlichen Kühlwasserteichen oder mit Gradierwerken auszustatten. Im Jahre 1894 hatte der Ingenieur BALCKE die Idee, den Wärmeaustausch in der Kühlvorrichtung durch strömende Luft zu intensivieren, hervorgerufen durch ein turmartiges Bauwerk. Der erste dieser Kaminkühler, der vollständig aus Holz errichtet war, besaß eine Grundfläche von 9 m^2 und eine Höhe von 15 m. Bald entstanden größere Bauwerke, auch fand der noch junge Baustoff Stahlbeton zunehmend Verwendung (Bild 4). Ab ca. 1920 wurden, zur Erhöhung des Wirkungsgrades, in Deutschland zusätzlich drückende Ventilatoren im Lufteintrittsbereich eingebaut, ab ca. 1925 auch saugende Ventilatoren oberhalb der Wasserverteilung. Ab ca. 1950 gehörten Ventilator- oder Zellenkühler zur Standardausrüstung deutscher Kraftwerke ohne Flußwasserkühlung.

1914 errichteten die beiden niederländischen Ingenieure VAN ITERSON und KUIPER mehrere 35 m hohe rotationshyperbolische Naturzugkühltürme aus Stahlbeton (Bild 4). Damit war ein neuer Bauwerkstyp entstanden, der in kurzer Zeit seine Entwicklungsjahre durchlief. Bereits um 1930 war eine Bauhöhe von ca. 70 m erreicht; 1958 wurde in der *High Marnham Power Station* in Großbritannien die 100-m-Grenze überschritten. Heute steht der mit 167 m höchste Naturzugkühlturm in *Doel* in Belgien; in Deutschland stehen Türme von 165 m und 163 m Höhe. Insgesamt wurden in Deutschland bisher ca. 60 große Naturzugkühltürme mit Höhen über 100 m errichtet, auf der gesamten Welt ca. 250.

Während besonders nach dem zweiten Weltkrieg die Kühlerhöhen in Frankreich und Großbritannien, den damals im Bau von Naturzugkühlern führenden Nationen, stetig wuchsen, nahmen die Wandstärken der Schale und ihre Bewehrung kontinuierlich ab. Die Grenzen dieser Entwicklung wurden am 1. November 1965 in dramatischer Weise deutlich, als in einem Orkan der *Beaufort*-Stärke 12 drei 114 m hohe Kühltürme der *Ferrybridge Power Station* (GB) einstürzten. Alle drei Türme wurden, aus einer Gruppe von acht Bauwerken, binnen weniger Stunden in offenbar identischer Weise zerstört. Die sorgfältig geführten Untersuchungen zur Einsturzursache und die sich weltweit anschließenden grundsätzlichen Forschungsarbeiten dürfen als der erste Schritt zu einem wissenschaftlich fundierten Tragverhaltenskonzept angesehen werden. Bedauerlicherweise ereigneten sich im Ausland noch weitere Einstürze: 1973 in *Ardeer* (GB), 1978 in *Willow Islands* (USA), 1979 in *Bouchain* (F) und erst kürzlich, 1984, in *Warrington* (GB). Sie alle waren Folgen einer bautechnischen Entwicklung, die ihre natürlichen Grenzen nicht erkannt hatte. Alle deutschen Kühler haben dagegen bisher schwersten Orkanen widerstanden: sie gelten als Kraftwerkskomponenten von hoher Sicherheit und Zuverlässigkeit.

Aus dieser Schilderung wird deutlich, daß der für den Bauingenieur und Ingenieurwissenschaftler besonders interessante Bauteil die Kühlerschale einschließlich ihrer Stützen und Gründung darstellt. Diese Kühlerschale, mit Höhen bis fast 170 m und Wandstärken von ca. 22 cm, wäre – maßstäblich verkleinert – etwa acht- bis zehnmal dünner als das sprichwörtliche Hühnerei und erfordert damit unsere besondere Sorgfalt. Über ihre Beanspruchung und Widerstandsfähigkeit soll nun berichtet werden.

3. *Beanspruchung und Sicherheitskonzept der Kühlerschale*

Der natürliche Wind wirkt als unregelmäßige Folge atmosphärischer Pulsationen veränderlicher Stärke und Richtung auf die Kühlerschale [5]. Idealisiert man ihn durch Mittelbildung zu einem stationären Vorgang, so gelangt man zu dem auf den Bildern 5 und 6 wiedergegebenen einfachsten Modell der Windbeanspruchung eines Kühlers. Mit der Bodenhöhe exponentiell ansteigende Windgeschwindigkeiten sind in den drei deutschen Windzonen durch in der DIN 1055, Blatt 4, festgelegte maximale Staudruckverläufe gekennzeichnet (Bild 5). Die Windumströmung der äußeren Kühlerlaibung ruft auf dieser über den Umfang verteilte Druck- und Sogspannungen hervor, die in Bild 6 – auf den Staudruck normiert – über den

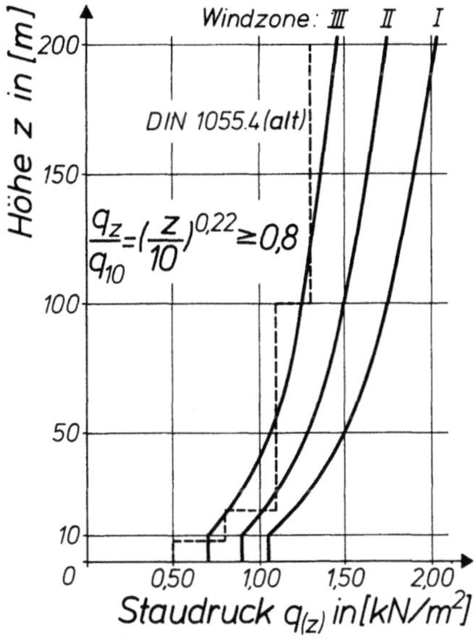

Bild 5: Höhenverlauf des Staudrucks nach DIN 1055, Blatt 4

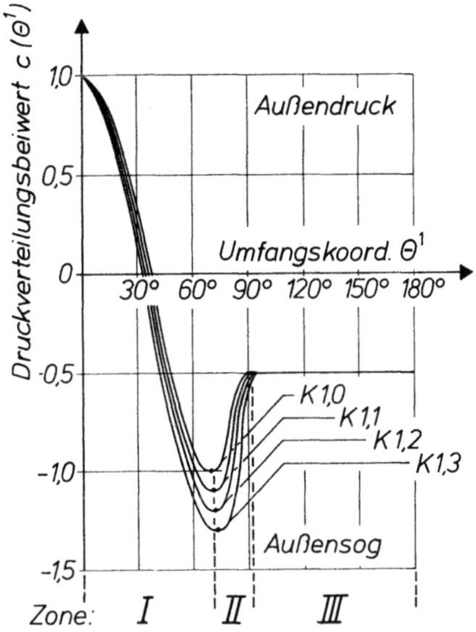

Bild 6: Umfangsdruckverteilung

halben Kühlerumfang, d. h. von 0° bis 180°, aufgetragen sind. Ihre genauen Verläufe hängen von der aerodynamischen Rauhigkeit K der Schalenoberfläche ab, die häufig durch *Windrippen* vergrößert wird.

Aus diesen Druck-Sog-Einwirkungen entstehen in der Kühlerschale innere Kräfte, sog. Schnittgrößen, die ein Maß für die Beanspruchung der Wandung darstellen. Die Bilder 7 und 8 vermitteln einen Eindruck vom Verlauf der Ringkräfte n_{11} und der Meridiankräfte n_{22}, wobei positive Werte Zug-, negative Werte Druckbeanspruchungen ausweisen. Neben diesen Dehnungskräften treten noch Schubkräfte sowie in geringerem Maße Biege- und Torsionsmomente in der Wandung auf. Das Eigengewicht des Betons ruft in der Kühlerschale ebenfalls Ring- und Meridiankräfte hervor, die – ausschließlich im Druckbereich wirkend – auf Bild 9 wiedergegeben sind.

Überlagert man nun Eigengewichts- und Windmeridiankräfte, beispielsweise längs des Staumeridians in Bild 10, so erkennt man folgenden interessanten Sachverhalt: Bei Windstille treten nur Druckspannungen in der Kühlerwandung auf, welchen der Baustoff Beton bekanntlich in besonderer Weise widerstehen kann. Mit zunehmendem Wind wird dieser Druck abgebaut, und es bilden sich stetig verstärkende, ausweitende Zugbereiche aus (rechts von der vertikalen Achse in Bild 10), denen die Wandung nur durch eingelegten Bewehrungsstahl widerstehen kann.

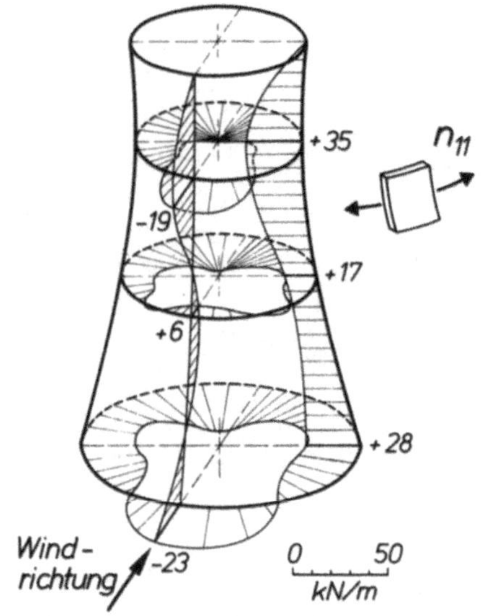

Bild 7: Schalenringkräfte n_{11} infolge Wind

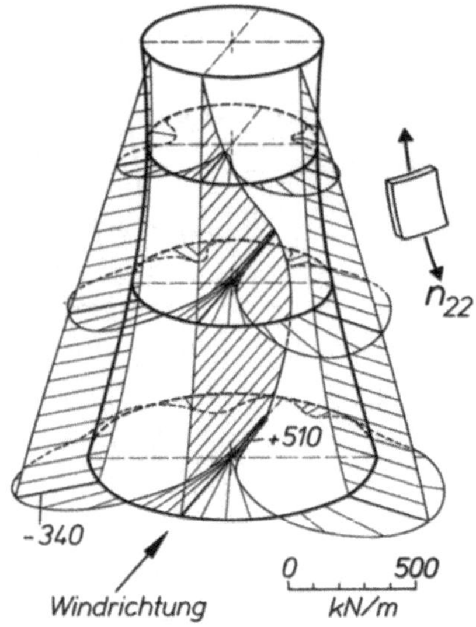

Bild 8: Schalenmeridiankräfte n_{22} infolge Wind

Nun ist Wind bekanntlich ein Naturvorgang; Angaben über seine Stärke gewinnen wir durch statistische Auswertung von als maßgebend angesehenen Spitzenböen, beispielsweise der 10-s-Bö. Je länger der Beobachtungszeitraum, desto größer

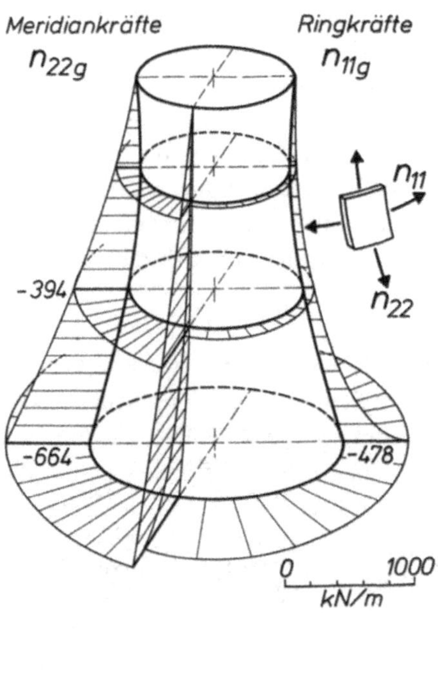

Bild 9: Schalenring- und -meridiankräfte infolge Eigengewicht

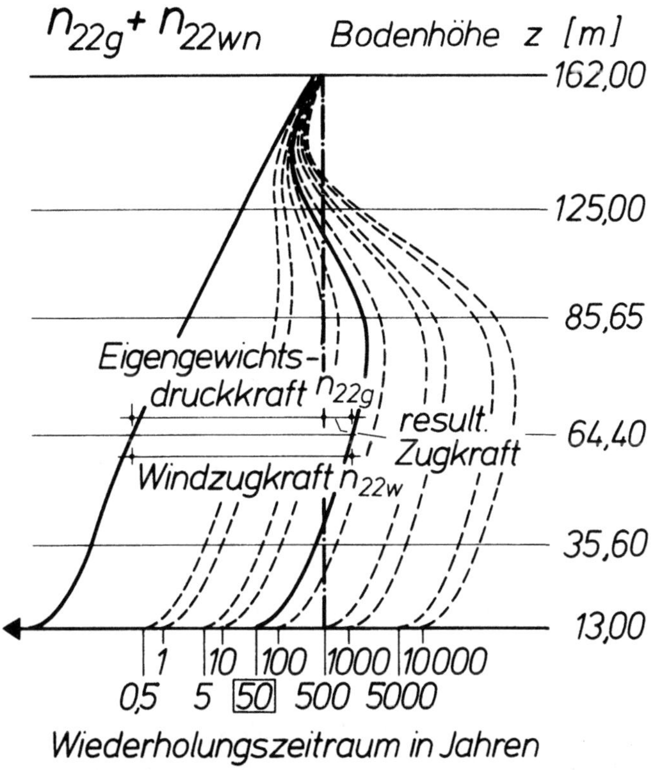

Bild 10: Überlagerung der Meridiankräfte im Staumeridian

darf die beobachtete Böengeschwindigkeit nebst zugehörigem Staudruck erwartet werden. Ihr wird der Beobachtungszeitraum als *Wiederkehrperiode* zugeordnet.

Aber welcher Staudruck, d.h. welche Wiederkehrperiode, ist maßgebend für die sichere Dimensionierung der einzubauenden Stahleinlagen? Als beobachteter Extremwert ist die Staudruckgröße prinzipiell nach oben hin unbegrenzt! Auf diese Frage können nur statistische Sicherheitsüberlegungen eine Antwort geben, die etwa folgendermaßen lautet: Böen mit einer 50-Jahres-Wiederkehr (d.h. einem *einmaligen* Auftreten in 50 Jahren) müssen, wie alle Bauten in Deutschland, ohne Schäden ertragen werden. Aber auch noch Stürme mit einer (extrapolierten) 10 000-Jahres-Wiederkehr dürfen nicht zum Einsturz des Kühlers führen, allerdings müssen für derartige Orkane (reparable) Schädigungen zugelassen werden.

Nach einem derartigen Sicherheitskonzept werden alle Punkte der Kühlerschale, ihrer Stützen und Fundamente dimensioniert und konstruiert. Bitte beachten Sie jedoch, daß dies das einfachste (quasistatische) Modell eines sturmbeanspruchten Naturzugkühlturmes darstellt. Tatsächlich fluktuiert der Strömungsdruck und damit auch das innere Kräftespiel im Sinne eines zeitlich und räumlich sich ver-

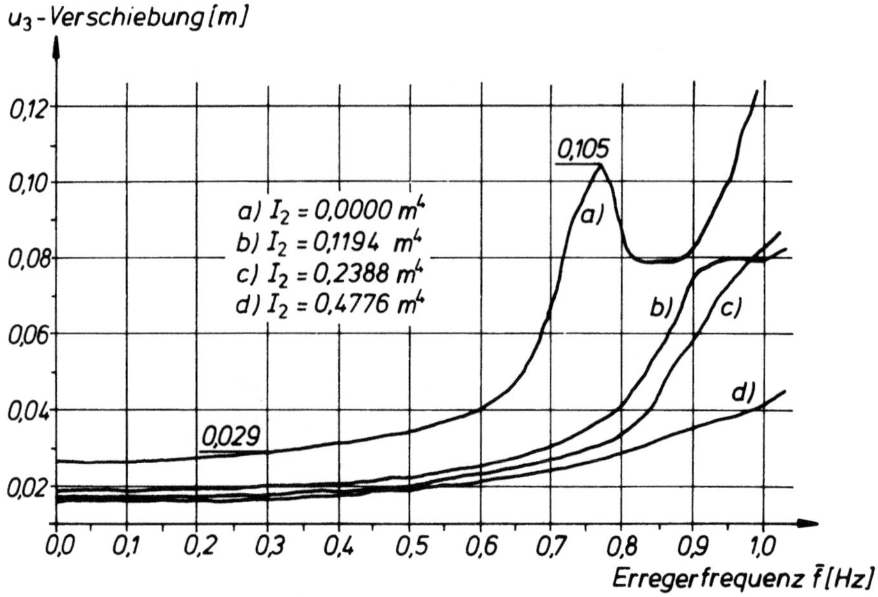

Bild 11: Frequenzverlauf der Schalenrandverschiebung für verschiedene Randgliedsteifigkeiten

ändernden stochastischen Prozesses [2]. Die Kühlerschale wird in einem Orkan zu permanenten stochastischen Schwingungen angeregt, welche bei der Sicherheitsanalyse neu zu errichtender Türme berücksichtigt werden. Bild 11 vermittelt einen Eindruck dieser Schwingungen durch den Frequenzverlauf der Maximalverschiebung des oberen Turmrandes unter einem (idealisierten) Orkan.

Im Gegensatz zum Wind verkörpern Erdbeben eine Einwirkungsart, welche nur als wirklicher dynamischer Prozeß im Bauwerk behandelt werden kann [4]. Der Naturzugkühlturm des Kernkraftwerkes *Mülheim-Kärlich* bei *Koblenz*, den Bild 2 zeigt und an welchem alle dargestellten Schnittgrößen berechnet wurden, steht auf einer alten Versetzungsspalte einer auch heute noch seismisch aktiven Zone. Seine Erdbebensicherheit erforderte eine Reihe konstruktiver Sondermaßnahmen, die auch der Laie beim Betrachten der Tafel IIb) nachvollziehen kann. Einer der seismo-technischen Schwachpunkte eines Kühlers liegt im fragilen Anschluß der (1 m dicken) Stützen an den unteren Schalenrand. Zur Sicherheitsanhebung wurde hier eine Hochabstimmung des Turmes gegenüber einem auftretenden Beben als geeignete Maßnahme gewählt, wie die in das Antwort-Spektrum auf Bild 12 eingetragenen größten Eigenschwingzahlen belegen. Bild 13 zeigt darüber hinaus die beiden ersten dominanten Modalformen einer Bebenerregung sowie die bei dem zugrunde gelegten Beben zu erwartenden Bewegungen der Schale, welche die Konstruktion ohne Schäden aufzunehmen vermag.

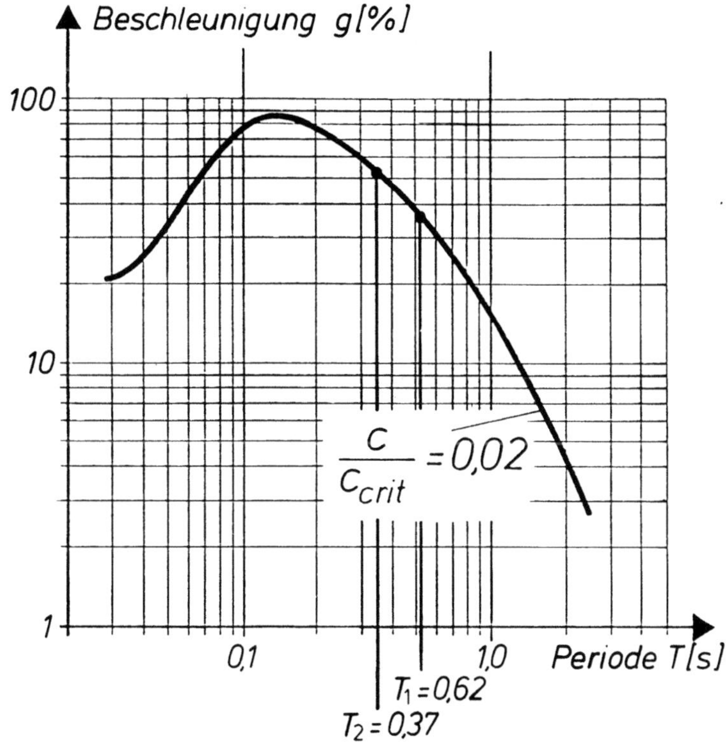

Bild 12: Antwort-Spektrum eines Bemessungserdbebens

Bild 13: 1. und 2. Modalform eines 1300-MW-Naturzugkühlturms

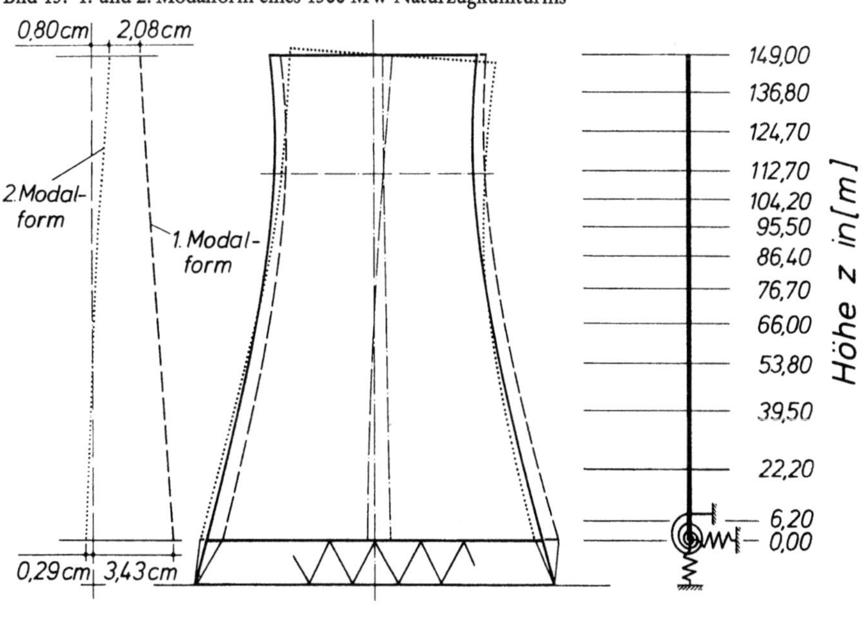

4. *Instabilitätsphänomene der Kühlerschale*

Instabilitätsvorgänge sind typische Phänomene dünnwandiger, auf Druck beanspruchter Tragwerke: Bei einem bestimmten Lastniveau versagt das Tragwerk ohne jede Vorankündigung, indem es in eine andere Form – oftmals mit niedrigerer Traglast – auszuweichen versucht. Im Vergleich zu ihrer Größe sind Kühlerschalen mit mittleren Wanddicken von ca. 16 bis 22 cm ebenfalls dünnwandige Tragwerke. Gemäß Bild 9 sind sie bereits im windfreien Zustand ausschließlich auf Druck beansprucht, der sich unter Wind in der Nähe des Staumeridians in Ring-

Bild 14: Beulform eines 1300-MW-Naturzugkühlturms unter Eigengewicht und rotationssymmetrisch idealisierten Windwirkungen

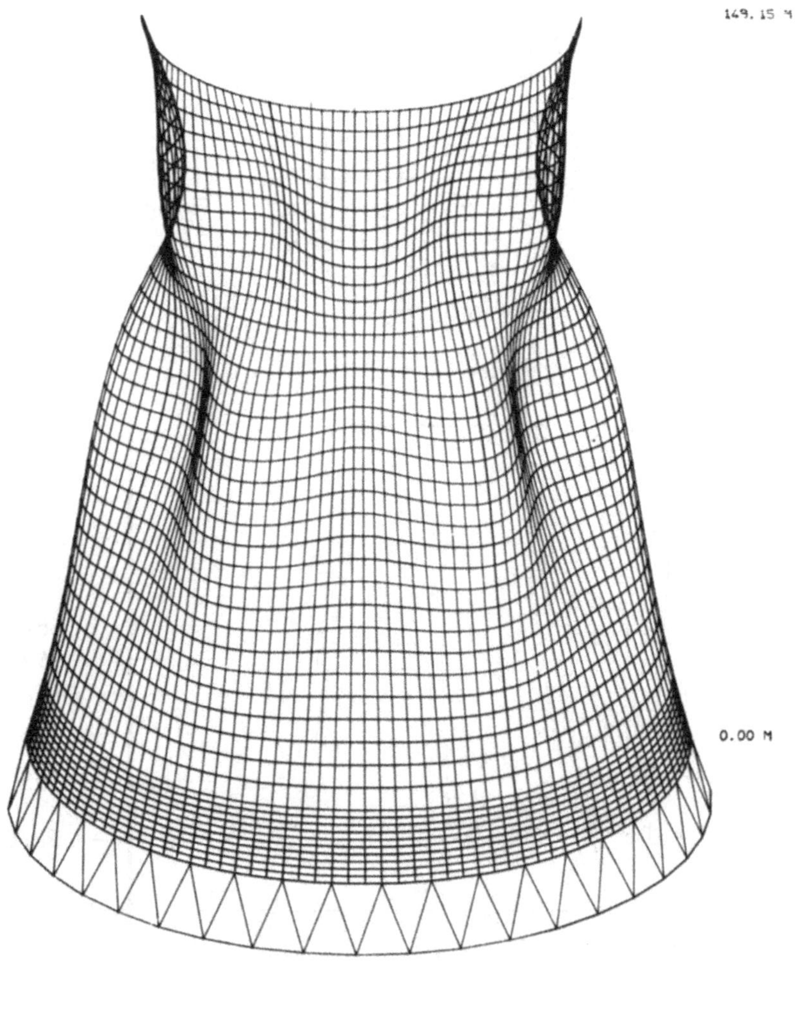

Kritische Ringdruckspannung:

$$\sigma_{11kr} = \frac{0{,}985\,E}{\sqrt[4]{(1-\nu^2)^3}} \left(\frac{h}{R_T}\right)^{4/3} k_{G11}$$

Kritische Meridianspannung:

$$\sigma_{22kr} = \frac{0{,}612\,E}{\sqrt[4]{(1-\nu^2)^3}} \left(\frac{h}{R_T}\right)^{4/3} k_{G22}$$

mit: E Elastizitätsmodul
ν Querdehnungszahl
h jeweilige Wanddicke
R_T Schalenradius in der Taille
k_{G11}, k_{G22} Geometrieparameter

Bild 15: Grundbeziehungen des Beulnachweises

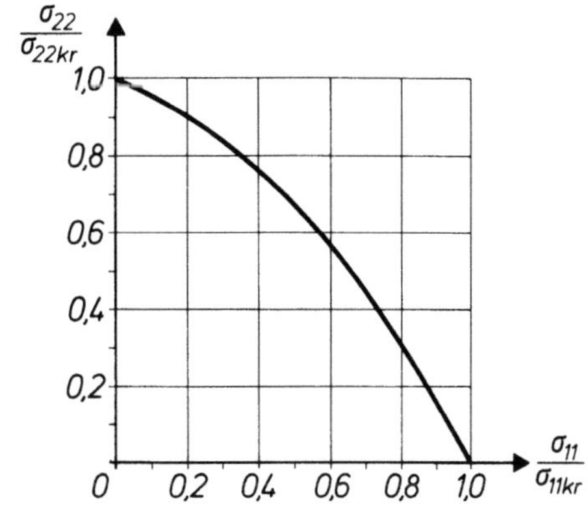

Beulsicherheit:

$$0{,}8\,\nu_B\left(\frac{\sigma_{11}}{\sigma_{11kr}} + \frac{\sigma_{22}}{\sigma_{22kr}}\right) + 0{,}2\,\nu_B^2\left(\left[\frac{\sigma_{11}}{\sigma_{11kr}}\right]^2 + \left[\frac{\sigma_{22}}{\sigma_{22kr}}\right]^2\right) = 1$$

DIN 1045,24.3: $\nu_B \geq 5$

Bild 16: Interaktionsbeziehung des Beulnachweises

richtung (Bild 7), in den Flanken in Meridianrichtung (Bild 8) verstärkt. Es leuchtet ein, daß die Gesamtdruckbeanspruchung eines größeren Schalenbereichs stets mit ausreichender Sicherheit unter denjenigen Grenzwerten bleiben muß, welche Beulvorgänge einleiten würden.

Die sichere Beurteilung der Instabilitätsphänomene von Flächentragwerken stellt sowohl theoretisch als auch in der numerischen oder experimentellen Analyse eine äußerst schwierige Aufgabe dar. Ein erster Zugang zu diesen Problemen bildet die Instabilitätsuntersuchung unter *rotationssymmetrischen Lasten* wie Eigenlast, dem Innensog und zentralsymmetrisch idealisierten Windlastkomponenten. Bei einer fiktiven Steigerung dieser Lastkomponenten bis zur Stabilitätsgrenze weicht die Kühlerschale in eine in Umfangsrichtung mehrfach gewellte Form aus. Bild 14 zeigt eine derartige Beulform für den schon mehrfach herangezogenen Kühlturm *Mülheim-Kärlich*. Bevor derartige Simulationen in ein Entwurfskonzept einfließen können, müssen sie zunächst durch umfangreiche Experimente abgesichert werden [6]. In diesen werden alle rechnerisch schwierig zu berücksichtigenden Einflüsse, wie wechselnde Werkstoffqualitäten, Abweichungen der wirklichen Lasten von den Rechengrößen, der Einfluß von Herstellungsungenauigkeiten sowie vieles mehr, durch zusätzliche Sicherheitsbeiwerte erfaßt. Erst nach dieser Abrundung kann ein Sicherheitskonzept, auf dessen Grundlage die Beulsicherheit von Schalenkühlern zuverlässig beurteilt werden kann, erstellt werden.

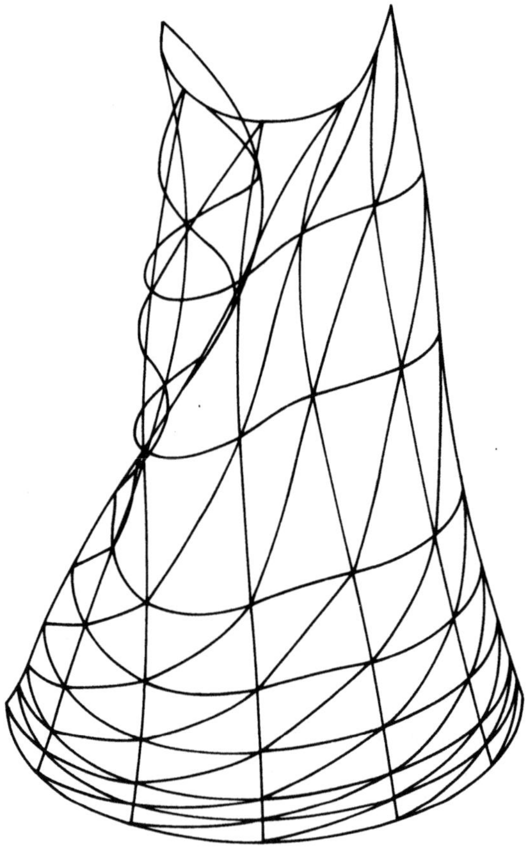

Bild 17: Böeninduziertes Beulen

Die wesentlichen Formeln des an der Ruhr-Universität entwickelten, heute in vielen Ländern verwendeten Beulsicherheitskonzeptes sind in den Bildern 15 und 16 wiedergegeben. Dabei müssen die vorhandenen größten Druckspannungen σ_{11}, σ_{22}, die als konstant über die Wanddicke der Kühlerschale idealisiert wurden, unter Wahrung einer Beulsicherheit $\nu_B \geqq 5$ der Beziehung auf Bild 16 genügen. Die Koeffizientenfunktionen k_{G11} und k_{G22} spezifizieren die Geometrie der Kühlerschale; sie variieren schwach und weisen mittlere Werte von $k_{G11} = 0{,}13$ und $k_{G22} = 1{,}5$ auf.

Die diesem skizzierten Konzept zugrundeliegende Voraussetzung rotationssymmetrischer Einwirkungen ist nur solange eine zulässige Vereinfachung, wie die Beulwellenzahl in Umfangsrichtung groß ist. Unter gezielter Böenwirkung ist jedoch auch ein ein- oder zweiwelliges Einbeulen vorstellbar. Aus dem Tankbau beispielsweise sind viele derartige Versagensfälle bekannt geworden. Zur Berechnung solcher Phänomene bedarf es besonders effizienter numerischer Algorithmen und, selbst auf modernsten Rechenanlagen, hoher Rechenzeiten. Bild 17 zeigt die

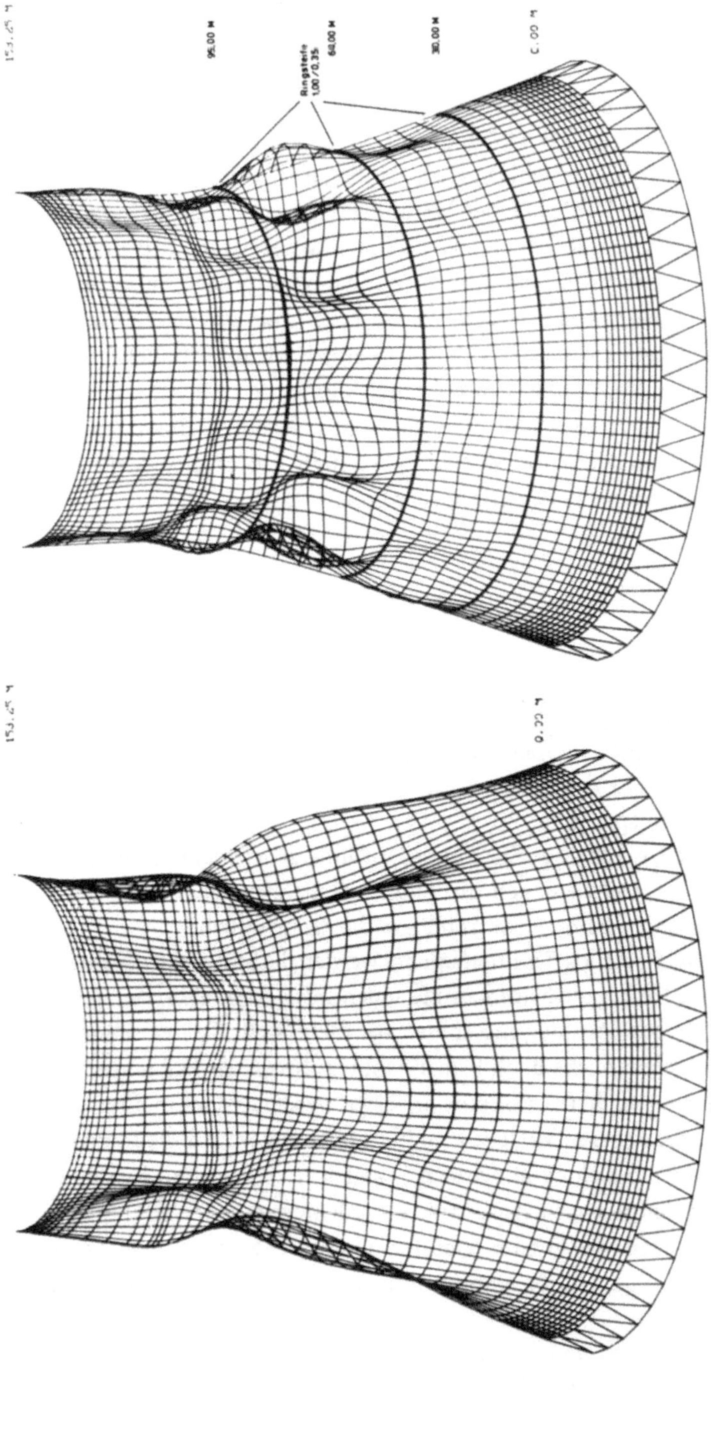

Bild 18: Beulform eines Kühlers ohne und mit mittleren Versteifungsringen

Computersimulation des Kollapsvorganges eines solchen böeninduzierten Instabilitätsphänomens. Deutlich erkennt man das Durchschlagen des Staumeridians in der oberen Turmhälfte und das Herauswölben der Flanken, welches beides natürlich zum völligen Kollaps des Bauwerks führen würde.

Die Sicherheit gegen Beulphänomene wird zum maßgebenden Konstruktionskriterium, wenn Kühlerschalen große Höhen *und* große Durchmesser aufweisen. Das naheliegende Verdicken der Wandung wäre zwar technisch ohne Schwierigkeiten möglich, würde jedoch, der größeren Masse wegen, das dynamische Verhalten der hochabgestimmten Konstruktion ungünstig beeinflussen und außerdem beträchtliche Mehrkosten erfordern. So bleibt nur die zusätzliche Versteifung durch Ringträger im mittleren Schalenbereich. (Konventionelle Kühlerschalen weisen je einen Versteifungsring am oberen und unteren Schalenrand auf.) Bild 18 zeigt das Instabilitätsverhalten eines derartigen Naturzugkühlers, zunächst unversteift und sodann durch drei Mittelringe versteift. Durch diese Maßnahme konnte die Beulsicherheit nahezu verdoppelt werden.

5. *Das Bauverfahren*

Im Vergleich zu gewöhnlichen Stahlbetonbauwerken sind bei Kühlern zwei besonders schwierige, verfahrenstechnische Bauphasen zu bewältigen, nämlich

- die wirtschaftliche Überbrückung des Lufteintritts durch die Stützen der Kühlerschale (Tafel Ib), deren Höhen von 12 bis 22 m immerhin 4- bis 8-geschossigen Hochbauten entsprechen;
- die extrem maßhaltige Erstellung der Kühlerschale mit Hilfe eines Kletterrüstverfahrens, bei welchem sich die gesamte Turmbaustelle – sich auf einen nur wenige Tage alten Beton abstützend – in die Höhe schiebt.

Nach dem Herstellen der Fundamente werden die Stützen der Kühlerschale entweder am Boden liegend betoniert und sodann als Fertigteile versetzt, oder sie werden durch mobile Schalungsmaschinen vor Ort erstellt. Beides erfordert schweres Gerät und umfangreiche Bauhilfsmaßnahmen. Im ersten Fall müssen Baustraßen für die einzusetzenden Autokrane angelegt werden, dabei mußten fast stets die schwersten verfügbaren Modelle zum Einsatz kommen. Für die alternativ verwendeten schweren Schalungsmaschinen (Tafel IIa) müssen Hilfsfundamente sowie ein Verfahrplanum errichtet werden; außerdem muß der Schalungswagen an den Hilfsabfangungen vorbei zum nächsten Einsatz bewegt werden, da die fertigen Stützen – als Folge ihrer Neigung – ohne den ersten Ring der Kühlerschale nicht standsicher sind.

Sind alle Stützen errichtet und durch das untere Randglied stabilisiert, beginnt der Klettervorgang der Kühlerschale. Gemäß Bild 19 wird an beiden Laibungs-

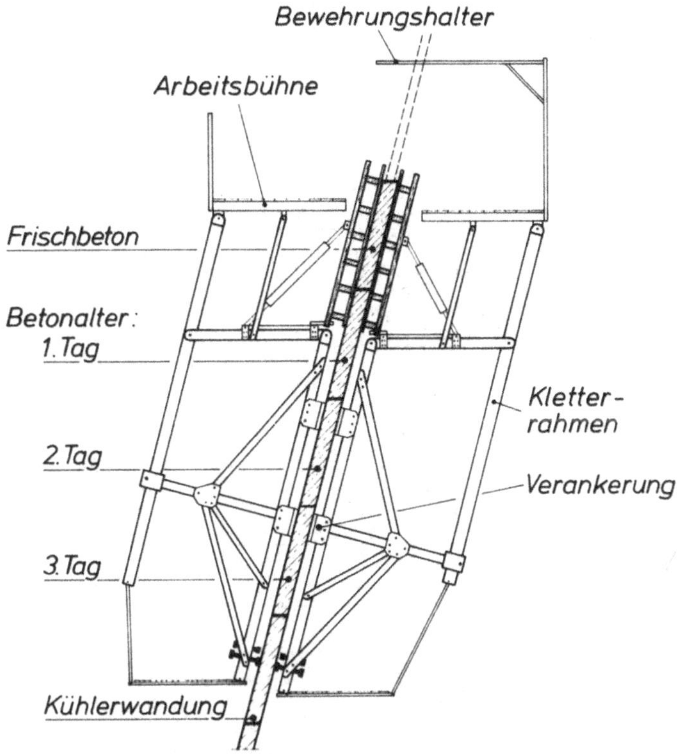

Bild 19: Schematische Darstellung der Kletterrüstung

flächen eine Rüstung montiert, von welcher aus die sich täglich wiederholenden Arbeitsphasen - Bewehren, Einschalen, Betonieren, Ausschalen und Nachbehandeln des Betons - ausgeführt werden. Täglich wird so ein Kühlerschalenring von 1,20 m bis 1,50 m Höhe auf denjenigen des Vortages aufgesetzt. Die Verankerung der Rüstungselemente erfolgt in einem ca. drei Tage alten Beton; jeden Morgen klettern Rüstung und Schalung um einen Bauabschnitt nach oben (Tafeln III, IV).

Die verfahrenstechnisch notwendige frühe Belastung des noch jungen Betons durch die Rüstung erfordert ein hohes Maß an Sorgfalt bei der Herstellung, Verarbeitung und Nachbehandlung des Betons, insbesondere bei seiner Erhärtungskontrolle: Von dieser Sorgfalt kann Leben und Gesundheit der Belegschaft abhängen, sollte der Verankerungsbeton überbeansprucht werden. Der Klettervorgang erstreckt sich, wegen der günstigeren klimatischen Bedingungen, auf das Sommerhalbjahr. Jeder neue Bauabschnitt muß genau eingemessen werden, denn die Herstellungstoleranzen der Kühlerschale, insbesondere ihre Abweichungen Δr

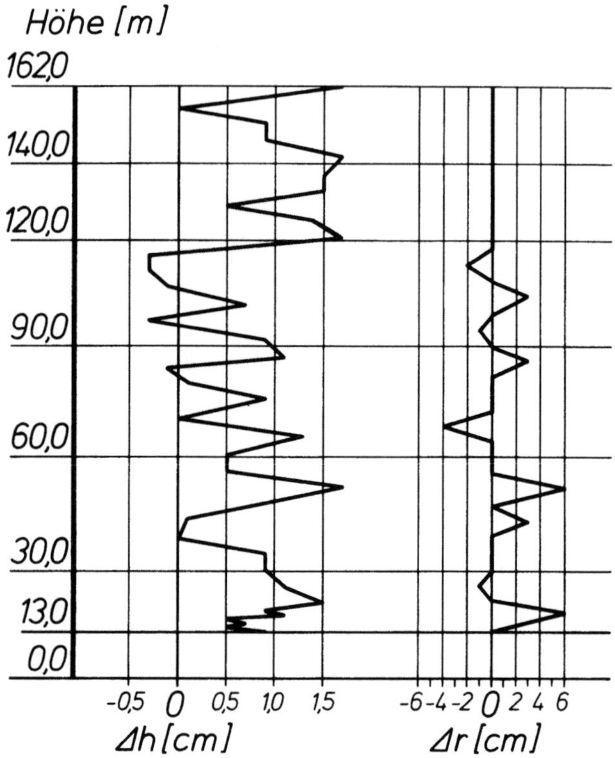

Bild 20: Gemessene Imperfektionen längs eines Meridians (Dicken-(Δh) und Mittelflächenabweichungen (Δr))

der Mittelflächengeometrie von den Sollwerten (Bild 20), dürfen nur im unteren Zentimeterbereich liegen, weil sonst die Beulsicherheit der fertigen Konstruktion in unzulässiger Weise reduziert werden würde.

Während der Kletterphase versorgt der zentrale Turmdrehkran die höher und höher kletternde Baustelle mit allen Baustoffen; auch er muß daher kletterfähig sein und seine Höhe laufend dem Arbeitsniveau anpassen. Vor den ersten Herbststürmen und Nachtfrösten muß das obere Randglied fertiggestellt sein und die Kühlerschale zuverlässig aussteifen; die Turmbaustelle muß abgeschlossen und die Rüstung abgebaut sein.

a) Naturzugkühltürme im Kraftwerk Scholven, Gelsenkirchen-Buer
(Luftbild freigegeben durch RP Münster 779/84)

b) Stützen und Wassertasse eines Quer-Gegenstromkühlers

a) Fahrbare Stützenschalung

b) Anschluß der Stützen an die Kühlerschale

Tafel II

a) Blick in eine im Bau befindliche Kühlerschale

b) Blick über das Kühlerinnere auf Turmdrehkran und Kletterrüstung

a) Schalungsarbeiten in 140 m Höhe (Foto: Ph. Holzmann AG)

b) Betonieren der Kühlerwandung (Foto: Ph. Holzmann AG)

Tafel IV

6. *Schlußbemerkungen*

In meinem Beitrag habe ich versucht, verschiedene bautechnische Aspekte von Naturzugkühltürmen zu erläutern. Dabei ging es mir um eine allgemeine, technologiebezogene Darstellung, in welcher ingenieurwissenschaftliche Aspekte bewußt in den Hintergrund traten. Viele der gezeigten Ergebnisse konnten jedoch nur durch Anwendung neuester ingenieurwissenschaftlicher Konzepte und modernster mathematisch-numerischer Verfahren in langjährigen Forschungsteams gewonnen werden. Dies sei hier ausdrücklich hervorgehoben, wobei die Namen meiner beteiligten Kollegen und Mitarbeiter der angegebenen Literatur entnommen werden können. Besonders betonen möchte ich noch, daß die erhaltenen Ergebnisse und Erkenntnisse ohne die Unterstützung dreier Großunternehmen der deutschen Bauindustrie, der beteiligten Energieversorgungsunternehmen sowie der Deutschen Forschungsgemeinschaft und des Landes Nordrhein-Westfalen nicht zustande gekommen wären.

In den Ingenieurwissenschaften bedürfen wir ja der engen Rückkopplung mit der Industrie, den Bauherren und Bauverwaltungen in besonderem Maße, um die Forschungs- und Lehraufgaben zum Nutzen unseres Landes und unserer Bürger erfüllen zu können. Wir benötigen den kontemplativen Forscher ebenso wie den gestaltenden, Neues wagenden Ingenieur. Nur in einem umfassenden Integrationsprozeß aller Kräfte wird es uns gelingen, die Technik als materielle Lebensgrundlage unserer Zivilisation zu erhalten und interdisziplinär weiterzuentwickeln, um so vielleicht den Satz des Skeptikers Arnold Gehlen zu widerlegen, daß der Fortschritt stets von bekannten zu unbekannten Übeln führe.

Literatur

[1] Eckstein, U., Krätzig, W. B. und Wittek, U.: Wirklichkeitsnahe Grenzbeullasten von Rotationsschalen unterschiedlicher Gauss'scher Flächenkrümmung. Ruhr-Universität Bochum, Institut für Konstruktiven Ingenieurbau, TWM Nr. 79-5.

[2] Krätzig, W. B. et al.: Kühltürme. Kapitel VIII im Jahrbuch Bautechnik im Kraftwerksbau, 2. Auflage, Vulkan-Verlag, Essen 1982.

[3] Krätzig, W. B., Peters, H. L. und Zerna, W.: Naturzugkühltürme aus Stahlbeton – Derzeitiger Stand und Entwicklungsmöglichkeiten. Beton- und Stahlbetonbau 73 (1978), S. 37–42 und S. 66–72.

[4] Krätzig, W. B. und Meskouris, K.: Vereinfachte Erdbebenberechnung von Naturzugkühltürmen. Ruhr-Universität Bochum, Institut für Konstruktiven Ingenieurbau, TWM Nr. 78-5.

[5] Niemann, H. J.: Ein Windlastkonzept für die statische und dynamische Beanspruchung von Naturzugkühltürmen. konstruktiver ingenieurbau berichte, Heft 29/30, Essen: Vulkan-Verlag 1977.

[6] Zerna, W., Basar, Y., Mungan, I. und Tiemann, M.: Beuluntersuchungen an hyperbolischen Rotationsschalen. Forschungsberichte des Landes Nordrhein-Westfalen Nr. 2439, Opladen: Westdeutscher Verlag 1974.

Diskussion

Herr Zerna: Ich möchte ein paar Anmerkungen machen und einige Fragen stellen.

Sie haben am Schluß Ihrer Ausführungen erwähnt, daß in Bochum eine ganze Gruppe von Wissenschaftlern an Kühlturmproblemen gearbeitet hat. Sie erwähnten schließlich Australien als Beispiel dafür, wie die erarbeiteten Erkenntnisse um die Welt wandern. Ich möchte das noch dahin ergänzen, daß man in den USA, wo diese Technik eine große Bedeutung besitzt, geradezu von der *Bochum-Group* spricht. Es ist ganz interessant, daß unsere Arbeiten tatsächlich in vielerlei Hinsicht international Anerkennung gefunden haben. Das nur als Randbemerkung!

Sie haben entsprechend Ihrem Thema über „Naturzugkühltürme" gesprochen. Vielleicht sollten Sie noch ergänzen, daß es außer Naturzugkühltürmen noch andere Systeme gibt, um die Begriffe deutlich zu unterscheiden.

Dann möchte ich noch auf eine Frage kommen, von der ich weiß, daß Sie darüber informiert sind. Sie haben ja die heile Welt der Kühltürme gezeigt. Weil die Tagespresse gern alles aufgreift, was nicht so heil ist, sollten Sie vielleicht auch noch ein paar Bemerkungen darüber machen, daß Kühltürme in letzter Zeit ein wenig ins Gerede gekommen sind, weil sie einige Schäden gezeigt haben. Diese liegen allerdings auf einem etwas anderen Gebiet, nicht auf dem, über das Sie gesprochen haben. Darüber sollte vielleicht aus Gründen der Information etwas gesagt werden.

Herr Krätzig: Man hat in Deutschland viele Jahre lang sogenannte Zwangskühler gebaut. Zwangskühler sind – ich erwähnte dies in meinem geschichtlichen Rückblick –Kühlsysteme, bei denen die innere Thermik nicht allein durch eine Kaminwirkung entsteht, sondern indem man saugende oder drückende Ventilatoren anbringt. Diese wiederum werden durch elektrische Energie angetrieben. Der notwendige Frischluftzug wird dort also maschinell mit Propellern erzeugt.

Die Zwangskühltechnik hat Vor- und Nachteile. Sie verbraucht einen Teil der produzierten Energie, bis zu 3%. Ihr Vorteil besteht darin, daß man die Stromerzeugung der Kraftwerksblöcke besser regeln kann. Insgesamt ist jedoch die Ausbeute geringer. Ein weiterer Nachteil ist die mechanische Störanfälligkeit dieser Technik, besonders mit zunehmender Größe der Kühleinheiten.

Das war für die Rheinisch-Westfälischen Elektrizitätswerke AG, den größten deutschen Stromerzeuger, 1964 der entscheidende Gesichtspunkt, ihre Kraftwerke zukünftig auf Naturzugkühlung umzustellen. An diesen Systemen kann viel weniger defekt werden als an den Zwangskühlern. Dieser Umstellung folgten dann auch die anderen Energieversorgungsunternehmen.

Nun zu den erwähnten Schäden und damit zu den negativen Urteilen, die solche Kühltürme gelegentlich bekommen haben. Im Inneren dieser Türme befindet sich Wasserdampf, Kondensat, d. h. nahezu destilliertes Wasser. Dieses setzt sich in Tropfenform auf der Innenlaibung ab. Es gibt kaum Baustoffe, die gegen destilliertes Wasser resistent sind. Wir mußten daher nach einem Dezennium von Betriebsjahren feststellen, daß der Beton auf der Innenlaibung der Kühltürme viel stärker zerstört ist als auf der Außenlaibung oder als dies bei normalen Stahlbetonbauwerken der Fall ist. Die Schäden werden seit kurzem durch Kunststoffbeschichtungen der Innenlaibung saniert; bei neuen Kühltürmen erfolgt ein vorsorglicher Schutz ebenfalls durch Kunststoffbeschichtungen.

Daneben gibt es noch einen zweiten Aspekt, durch welche Kühltürme systematisch ins Gerede gebracht wurden. Ich hatte am Anfang bereits betont, daß Kühltürme bei Kraftwerken die dominierenden Bauwerke darstellen. Ein Kernkraftwerk beispielsweise verschwindet mit seinen 40 m Höhe fast neben einem 170 m hohen Kühlturm. Jeder Betrachter sieht also zunächst den Kühlturm, und seit etwa 15 Jahren gibt es Versuche, diesen Bauwerken irgendwelche schädigenden Einflüsse nachzuweisen. Anfangs vermutete man, aus ihnen würden Bakterienkulturen, die natürlich im Kühlwasser leben, emittiert und damit weit über das Umland verstreut werden. Ein solcher Effekt ließ sich jedoch nie nachweisen. Dann gab es eine Reihe von Veröffentlichungen von angewandten Meteorologen, die Klimabeeinflussungen durch den Abdampf nachweisen wollten. Dabei mußte man aber ebenfalls erkennen, daß globale Einflüsse nicht zu erkennen waren. Natürlich sind engbegrenzte, lokale klimatische Beeinflussungen vorstellbar, beispielsweise durch zeitweise Überschattung landwirtschaftlicher Kulturen. Ihre wirtschaftlichen Schäden zu beurteilen dürfte jedoch – gerade in unserem Klima – äußerst schwierig sein.

Im Grunde hat sich die Technik der Naturzugkühltürme als viel sicherer erwiesen, als sie sich etwa in den Jahren nach dem Einsturz in Ferrybridge darstellte. Zu dieser Zeit erfolgte in Deutschland gerade die Umstellung von Zwangskühlern auf Naturzugkühltürme. Gerade diese Kühltürme aber stürzten dann in England ein. Man mußte damals für wenige Jahre den Eindruck gewinnen, eine Entscheidung für die falsche technische Alternative getroffen zu haben. Aber auch diese Phase des Zweifelns ist längst vorbei. Naturzugkühltürme haben sich als zuverlässige und wirtschaftliche technische Rückkühlsysteme erwiesen, die unsere natürlichen Gewässer thermisch vollständig entlasten könnten.

Herr Trost: Herr Kollege Krätzig, ich habe zwei Fragen an Sie. In den Entwicklungsländern wird man möglicherweise ein solches Team, das zur Erstellung hochtechnischer Ingenieurbauwerke notwendig ist, häufig nicht zur Verfügung haben. Es hat deshalb dort in früheren Jahren Entwicklungen gegeben, die Rotations-Hyperboloidschalen, wie sie hier von Ihnen gezeigt wurden, in Fertigteilkonstruktionen zu erstellen. Bis zu welchen Höhen hat man eigentlich solche Konstruktionsformen bauen können? Hat diese technische Linie gewissermaßen noch eine Zukunft?

Dann zu meiner zweiten Frage. In Deutschland gibt es, wie sicher einige von Ihnen wissen, in der Nähe von Hamm-Uentrop ein anderes technisches Prinzip einer Kühlturmkonstruktion, die als Seilnetzkonstruktion auch diese Form eines Rotations-Hyperboloids besitzt. Die Höhe der Schale beträgt 145 m, sie ist an einen Zentralmast angehängt. Wie beurteilen Sie die Möglichkeiten dieses Typs im Vergleich zu einer Konstruktion als Betonschale?

Herr Krätzig: Herr Trost, man kann zu beiden Fragen eigentlich die gleiche Antwort geben: In Deutschland entscheidet über eine solche Konstruktion der Preis. Das ist auch der Grund, warum sich Fertigteil- oder Halbfertigteilkonstruktionen im Kühlerbau in den Höhen, von denen wir sprechen, also über 100 m hinaus, nicht durchgesetzt haben. Sie benötigen dann ein sehr schweres Montagegerät, um dort noch konkurrenzfähige Leistungen zu erzielen.

Der höchste Turm, der in Deutschland aus Fertigteilen gebaut wurde, ist ein Turm in Berlin, der eine Höhe von ca. 65 m besitzt. Bis Anfang der 70er Jahre tauchten bei Ausschreibungen immer wieder Fertigteilentwürfe auf. In Höhen über 100 m herrscht jedoch permanent etwa Windstärke 3. Im Frühjahr ist es kälter, im Sommer ist es wärmer als am Boden. Im Herbst wieder wird es oben früher kalt. Während oben die Baustelle bereits gefroren sein kann, sorgt unten die Bodenwärme dafür, daß die Temperaturen noch über Null bleiben. Immer wieder ist die Idee aufgetaucht, auch große Naturzugkühltürme in Fertigteilen zu bauen, aber nie ist eine solche Konstruktion zum Zuge gekommen. Ich würde daher hier die Behauptung wagen, daß die Fertigteilkonstruktion von Naturzugkühltürmen über 100 m nicht preiswürdig zu sein scheint.

Das gleiche gilt auch für den Seilnetzkühlturm in Hamm-Uentrop. Er gehört als Kühlsystem zu dem Kugelhaufenreaktor, der in diesen Tagen kritisch geworden ist und damit nach mehr als zehn Jahren Bauzeit demnächst in Betrieb gehen wird. Der Seilnetzkühlturm stellt eine äußerst interessante und gewagte, kühne Ingenieurkonstruktion dar. In ihr sind Seile an einem großen Ring, der an einem zentralen Mast aufgehängt ist, schräg zu Fundamenten gespannt. An das so entstehende Netz in Form eines Hyperboloides ist eine Aluminiumverkleidung angehängt worden. Damit entstand eine interessante Konstruktion, deren Baukosten wir aber niemals erfahren konnten. Vielleicht kennt Herr Zerna die genaue Zahl. Die Kosten aber lagen mindestens um 50% über denen einer Betonkonstruktion, und damit, meine ich, ist das Wort über die Wirtschaftlichkeit gesprochen. Auch wenn man bedenkt, daß es sich um einen Prototyp handelte, wird man zukünftige Konstruktionen nicht so preiswürdig bauen können, wie heute Kühltürme aus Stahlbeton.

Im übrigen ist diese Konstruktion vor über zehn Jahren entworfen worden, zu einer Zeit also, als ganz Deutschland vom Olympia-Fieber gepackt war. Das Olympia-Stadion in München ist nach diesem Prinzip konstruiert worden. Man sollte noch erwähnen, daß die Seilnetzkonstruktion des Kühlers im Bereich der Verankerung der Seile im Boden auch nicht die Sicherheit einer Stahlbetonkonstruktion erreicht.

Herr Zerna: Man sollte außerdem dazu bemerken, daß es sich bei dem Seilnetzkühlturm um einen Trockenkühlturm handelt. Trockenkühltürme sind auch aus anderen Gründen weniger gefragt.

Herr Mayer-Kuckuk: Ich habe die Frage eines Laien. Für mich besitzen diese Türme eine gewisse Schönheit. Wenn man hineinkommt, hat man geradezu den Eindruck eines gigantischen Tempels. Wodurch ist ihre Form eigentlich bestimmt? Nur durch die Statik und Festigkeit der Schale oder auch durch die Thermodynamik der aufsteigenden warmen Luft?

Herr Krätzig: Im großen, Herr Mayer-Kuckuk, ist die Form durch den letzten Aspekt bestimmt. In grober Vereinfachung handelt es sich um eine Rohrströmung. Aber die Feinform, d.h. die genaue Festlegung der Taille, der genaue Krümmungsverlauf der Meridiankurve, werden durch die Festigkeitsanforderungen der Konstruktion bestimmt.

Ich freue mich natürlich, daß Sie die Form eines Naturzugkühlturmes als schön empfinden. Das ist sicher ein sehr individuelles Urteil. Ich erinnere mich in diesem Zusammenhang an einen Vortrag ähnlicher Art, den ich vor einigen Jahren in den Vereinigten Staaten gehalten habe. Nach dem Vortrag kam ein Architekt zu mir und lud mich dann auch in sein Architekturbüro ein. Von ihm wurde ich gefragt: Wie könnte man solche Türme als Wohnhäuser nutzen? Ihm war die Idee gekommen, derartige Türme als Tragsysteme für einzuhängende Wohn- und Büroschachteln zu errichten, in denen dann Menschen leben und arbeiten sollten.

Herr Staufenbiel: Sie behaupten, daß sich ein Fall wie in Ferrybridge nicht wiederholen kann. Das bedeutet, daß man den Einsturz genau aufgeklärt hat. Nun sind zwei Ursachen denkbar, warum so etwas auftritt. Die eine Ursache liegt darin, daß zur Berechnung der Festigkeit irgendwelche Annahmen nicht genügend sicher waren oder Fehler gemacht worden sind. Derartige Ursachen kann man sicher aufklären; das kann man nachrechnen.

Eine zweite Möglichkeit ist aber, meine ich, sehr viel schwerer auszuschließen, daß nämlich doch das „seltene Ereignis" eingetreten ist. Sie sprechen dabei von einem Orkan mit einer Wiederkehrperiode von 10 000 Jahren. Mir scheint diese Zahl gewaltig zu sein. Da über einen solchen Zeitraum keine Statistik vorliegt, läßt sich ein so seltenes Ereignis, glaube ich, auch nur mit einer geringen Zuverlässigkeit in der Aussage belegen.

Meine Frage ist also: Könnte es nicht auch sein, daß in Ferrybridge doch von den Randbedingungen her, von den Wind- und Böenlasten, ein lokal konzentriertes und zeitlich sehr seltenes Ereignis eingetreten ist, das einen solchen Serienunfall zur Folge hatte?

Herr Krätzig: Herr Staufenbiel, meine Aussagen basieren auf statistischen Auswertungen von Windgeschwindigkeitsmessungen der vergangenen fünfzig Jahre sowie einem Sicherheitskonzept, welches wiederum solche statistischen Auswertungen zugrunde legt.

Lassen Sie mich die Glaubwürdigkeit von Sicherheitstheorien folgendermaßen illustrieren: Ich habe vor einiger Zeit meinen Bücherschrank aufgeräumt, dabei fand ich eine Veröffentlichung aus dem Jahre 1964 über die große Sturmflut 1962 in Hamburg. Nachdem das Sicherungskonzept der Abdämmung von ganzen Flußarmen dort erläutert worden war, wurde behauptet, daß sich mit diesen Maßnahmen eine solche Katastrophe in den nächsten 200 bis 300 Jahren nicht wiederholen kann. In der Zwischenzeit hat es aber bereits mindestens zwei Sturmfluten gegeben, die nennenswert höher als diejenige von 1962 waren. Nur durch eine vorsorgliche Erhöhung der Deiche und dadurch, daß der Wind umsprang, sind zwei größere Katastrophen verhindert worden.

Wir können nie die Aussage treffen – das will ich damit sagen –, wann dieser 10 000-Jahres-Wind eintritt: Morgen oder erst in 50 000 Jahren. Wir können aus den kurzen Beobachtungen nur extrapolieren, daß die statistische Auftretenswahrscheinlichkeit des 10 000-Jahres-Windes bzw. des 100 000-Jahres-Windes ungefähr 10^{-4} bzw. 10^{-5} pro Jahr beträgt. Wir können also immer nur aussagen: Die Wahrscheinlichkeit, daß ein katastrophales Ereignis eintritt, wird – durch eine Fixierung der Bemessung auf den 100 000-Jahres-Wind – wieder um eine Zehnerpotenz kleiner.

Durch derartige Konzepte versuchen wir Bauingenieure, das Versagensrisiko solcher Sonderkonstruktionen demjenigen anderer Bauwerke anzugleichen, deren Risiko die Allgemeinheit durch Gewöhnung akzeptiert. Selbst der Deckenkonstruktion dieses Saales können wir nicht attestieren, daß sie niemals einstürzen wird. Ich vermute, daß die Einsturzsicherheit dieser Deckenkonstruktion ungefähr 10^{-5} ist. Das bedeutet: Statistisch gesehen stürzt diese Decke in 100 000 Jahren einmal ein. Ob die 100 000 Jahre in zehn Minuten abgelaufen sein werden, wissen wir nicht.

In bezug auf die Kühltürme in Ferrybridge ist aber sicher, daß diese schwerwiegende Mängel aufwiesen. Ein seltenes Ereignis als Einsturzursache ist daher auszuschließen.

Herr Schreyer: Könnte man nicht in bezug auf die Erdbebensicherung, wenn man die geologischen Verhältnisse rechtzeitig einbezieht, einiges ersparen? Es klingt wirklich gefährlich, daß der Kühlturm im Rheintal auf einer seismisch aktiven Verwerfung sitzt. Ist das übersehen worden?

Herr Krätzig: Bitte bedenken Sie, daß man als Bauingenieur Bauwerke gegen definierte Einwirkungen sicher dimensionieren muß. Dabei legt man beispielsweise Erdbeben einer Intensität zugrunde, die vermutlich in 100 000 Jahren einmal auftreten werden. Gegen sie wird der Turm sicher dimensioniert. Sie wissen sicher genauer als ich, daß der letzte Vulkanismus dort mehrere 10 000 Jahre zurückliegt.

Herr Schreyer: 10 000 Jahre.

Herr Krätzig: Auch 10 000 Jahre sind eine Größenordnung, die schon außerhalb unseres geschichtlichen Bewußtseins liegt. Es ist also – in menschlich bewertbaren Zeiträumen – sehr unwahrscheinlich, daß in den nächsten Jahren der Laacher Vulkanismus dort wieder aktiv wird. Aber auszuschließen ist dies nicht, statistisch besteht eine Auftretenswahrscheinlichkeit von ungefähr 10^{-5} pro Jahr. Im übrigen sollte ich besonders hervorheben, daß der Naturzugkühlturm des Kraftwerks Mülheim-Kärlich für die Sicherheit des Kernreaktors natürlich nicht von Bedeutung ist.

Herr Schreyer: Das meinte ich aber nicht. Sie sagten ja, daß der Kühlturm auf der Spalte errichtet wurde. Hätte man ihn nicht um ein paar 100 m verschieben können?

Herr Krätzig: Deutschland ist ein dicht besiedeltes Land; dies war nicht möglich. Aber wie ich betonte, ist es auch in keiner Weise beängstigend. Man kann derartige Bauwerke in jedem Fall so dimensionieren, daß sie diesen Beanspruchungen widerstehen. Sollte also wirklich dort ein Erdbeben auftreten, so werden möglicherweise einige reparable Schäden auftreten. Einstürzen aber wird das Bauwerk nicht.

Herr Flohn: Im Falle der Sturmflut von Hamburg wurde eine Statistik unter der Voraussetzung angewendet, daß die Randbedingungen gleich geblieben sind. Aber gerade diese Voraussetzung war hier nicht gewährleistet; wir haben später fünf Sturmfluten dieser Art in einem Zeitraum von wenig mehr als einem Monat hintereinander gehabt.

Ich habe in diesem Zusammenhang noch eine Frage. Sie erwähnten eingangs, daß Sie die nichtstationären Eigenschaften, d. h. die Turbulenz des Windes, praktisch nicht berücksichtigt haben. Hierfür existieren sicher Berechnungen, denn dieses Phänomen ist ja seit langem bekannt. Ich denke aber jetzt an einen anderen Fall, der in den letzten Jahren bekannt geworden ist und im Alpenvorland eine Rolle spielen könnte, nämlich der „Low Level Jet", der Strahlstrom in den unteren Schichten. Hier kann – vor allen Dingen nachts – der Wind von nahezu Null am Boden auf Werte nahe 15 m/s in 100 bis 200 m Höhe zunehmen. Kann man über die Rolle solcher Windscherungen auf die Standsicherheit von Naturzugkühltürmen etwas aussagen?

Herr Krätzig: Die Vernachlässigung der Windturbulenz erfolgte nur in meinem Vortrag, nicht bei der Bemessung und Konstruktion von zu errichtenden Naturzugkühltürmen.

Aber nun zu den „Low Level Jets". Wenn die Windgeschwindigkeit nicht stärker wird als 10 bis 15 m/s, dann spielt sie für die Standsicherheit unserer Bauwerke überhaupt keine Rolle. Die zugrunde gelegten Winde besitzen Geschwindigkeiten von 45 bis 60 m/s, wovon etwa die Hälfte als stationäre Grundströmung angesetzt wird, der dann der pulsierend wirkende Rest – mit erheblich mehr als 15 m/s – überlagert wird.

Herr Flohn: Sie haben recht: Dieser „Low Level Jet" kommt bei den hohen Windgeschwindigkeiten nicht vor und zwar wegen der starken vertikalen Durchmischung.

Herr Krätzig: Ich darf dazu noch eine vielleicht ganz interessante Bemerkung machen. Vor vielen Jahren hatte ich einmal versucht, über Versicherungsgesellschaften an die Gesamt-Versicherungssumme der Sturmschäden in Deutschland heranzukommen. Wir sehen doch eigentlich jedes Jahr im Herbst im Fernsehen katastrophale Orkane in Mitteleuropa wüten. Da werden Autos von den Fahrbahnen geschleudert, Bäume entwurzelt und Dächer abgedeckt. Man kann solche Zahlenwerte nur sehr schwierig erhalten, weil die Versicherungsgesellschaften offensichtlich das wirkliche Risiko selbst nur ungenau kennen oder aus prämienpolitischen Gründen falsch darstellen.

Immerhin dürften in Deutschland jährlich für Sturmschäden zwischen zwei und drei Mrd. DM als Versicherungsschäden ausgezahlt werden. Dagegen sollten nach unseren gültigen Vorschriften eigentlich überhaupt keine Sturmschäden auftreten, denn seit fast fünfzig Jahren gibt es eine DIN-Vorschrift über die Windbeanspruchung von Bauwerken.

Doch zurück zu unseren Kühltürmen. Aus Langzeitbeobachtungen ist bekannt, daß unsere deutschen Türme den auftretenden Orkanen bisher schadensfrei widerstanden haben. Abgesehen von den vorhin von Herrn Zerna erwähnten Schäden sind sie nach mehr als fünfzehn Betriebsjahren weitgehend rissefrei. Dagegen gibt es im Ausland Kühltürme, die lange Rißstrukturen aufweisen, teilweise über 100 m lang. Mit hoher Wahrscheinlichkeit sind sie auf Windschwingungen zurückzuführen, d. h. auf die dynamischen Wirkungen von Stürmen. Ich bin jedoch überzeugt, daß wir in Deutschland diese Schäden durch unser Sicherheitskonzept zuverlässig vermeiden können.

Herr Trost: Ich möchte Sie bitten, zum ersten Teil der Frage von Herrn Staufenbiel noch eine Erwähnung zu machen. Sie haben heute in ihrem Vortrag im wesentlichen die Membrankräfte dargestellt. Mit der Bewehrung dieser Kühltürme in Ringrichtung oder in Meridianrichtung wird im wesentlichen diesen Membrankräften Rechnung getragen. Dabei ist aber noch zu erwähnen – damit die Zuhörer nicht glauben, auch bei uns könnten wie in England 1965 drei von acht Kühltürmen einstürzen –, daß wir hier in Deutschland etwas andere Bewehrungsprinzipien verfolgen. Dabei wird den Biegestörungen durch doppellagige, kreuzweise innen und außen liegende Bewehrungen Rechnung getragen.

Herr Krätzig: Durch das von Herrn Trost geschilderte Konstruktionsprinzip erhalten die Schalen eine ausreichende Biegesteifigkeit. In Deutschland verwenden wir etwas konservativere Konstruktionsprinzipien als diese gelegentlich im Ausland angewendet werden. Dieser technische Konservativismus, Schalentragwerke beidseitig und zweiachsig zu bewehren, ist jedoch hochmodern, seit man erkannte, daß die Schalen große Biegestörungen aufweisen. Im turbulenten Wind führen sie permanente Biegeschwingungen in Ringrichtung durch. Kühlerschalen atmen im Wind; dem kann man sicherheitstechnisch nur durch eine ausreichend steife zweilagige Bewehrung begegnen.

Herr Staufenbiel: Ich möchte gerne noch zur Frage des Scherwindes eine kurze Bemerkung machen. Die Scherwinde sind in der Luftfahrt seit etwa fünf Jahren in den Verdacht geraten, eine ganze Reihe von Unfällen, die man bisher dem Pilotenversagen zugeschrieben hatte, verursacht zu haben. Man hat eine ganze Reihe von Messungen begonnen. Wir selbst machen in Aachen auch solche Messungen mit

Flugzeugen, und es gibt in der Tat solche Scherwinde, wie Sie sie nennen. Es sind einige Scherwindverläufe nachträglich aus meteorologischen Situationen konstruiert worden, bei denen sich Flugunfälle mit tödlichem Ausgang, mit Absturz des Flugzeuges ereignet hatten. Bei sehr heftigem Wind waren dabei Scherwinde überlagert, Abwärts- und Aufwärtsströmungen sowie Änderungen im Betrag und in der Richtung der Winde. Das sind, meine ich, sicher ganz seltene Ereignisse, die aber möglicherweise doch zu Lasten führen könnten, von denen man noch nicht ganz weiß, ob sie überstanden werden. Ich glaube also, daß auf diesem Gebiet sicher noch einiges auch an Daten fehlt. Man hat eben bisher in dieser Richtung sehr wenig gemessen.

Herr Domke: Ich darf daran erinnern, daß der Einsturz der Kühltürme in Ferrybridge auch durch die Gruppierung der Türme mitverursacht war. Vielleicht kann Herr Ruscheweyh sich dazu äußern.

Herr Ruscheweyh: Soweit ich orientiert bin, sind die Türme in England nicht bei einem extremen Wind eingestürzt, sondern bei einem Sturm der normalen Kategorie. In dieser Gruppenanordnung trat ein Effekt auf, den man bis dahin nicht richtig beachtet hatte: Die Windgeschwindigkeit erhöht sich in den Lücken zwischen den Kühltürmen durch eine Art Düse, so daß die luvwärts stehenden Kühltürme einen größeren örtlichen Wind bekamen als die vorderen.

Hinzu kam sicherlich auch, daß die Turbulenzen der vorn stehenden Kühltürme eine weitere dynamische Belastung dieser Kühltürme bewirkt haben. Schließlich kam noch hinzu, daß die Türme zu schwach bemessen waren. Dabei waren die Windvorschriften nicht richtig interpretiert worden.

Es führten somit mehrere Ursachen zum Einsturz, und ich kann die Aussage von Herrn Krätzig nur bestätigen, daß man heute durch die sorgfältige Untersuchung des Einsturzes recht gut darüber Bescheid weiß. Heute ist die Summierung von kleinen Fehlern zu einem großen Fehler unwahrscheinlich.

Herr Krätzig: Es kamen mindestens noch zwei weitere Punkte hinzu. Die Schalen waren – wie erwähnt – zentrisch bewehrt, so daß sie vermutlich bereits ausgeprägte Biegerisse besaßen. Schließlich hatten die Schalen kein oberes Randglied: Ein solches Bauteil steift mindestens den oberen Rand des Kühlers, der den Einsturz einleitete, besser aus.

Herr Ruscheweyh: Ich habe in diesem Zusammenhang noch eine Frage an Herrn Krätzig. Sie zeigten vorhin auf einem Dia einen Kühlturm-Entwurf mit einer Höhe von 185 m. Diese Kühltürme haben natürlich auch einen größeren Durchmesser. Soweit ich im Bilde bin, tendieren die Kühlturmbauer eigentlich mehr zu größeren

Durchmessern als zu größeren Höhen, so daß die Schale immer mehr der Zylinderschale näherrückt und von den guten Eigenschaften des Hyperboloids immer mehr abrückt.

Wie sehen Sie die Berechnungsarten und die Bemessungskriterien für solche großen Schalen? Wird man mit Rücksicht auf die Stabilität Ringe einziehen müssen?

Herr Krätzig: Herr Ruscheweyh, die Kühlerschale muß kein Zylinder werden, sondern normalerweise wird vor allem der untere Durchmesser sehr viel größer werden. Man könnte also auch bei größeren Durchmessern die hyperbolische Form beibehalten. In der Tat ist es so: Die hyperbolische Form steift die Schale insgesamt viel besser aus als eine Zylinder- oder Kegelform. Steife Kühlerschalen besitzen eine möglichst gleichmäßige Meridiankrümmung.

Der von Ihnen zitierte Kühlturm war eine Entwurfs-Studie, die wir 1972 in Bochum für eine der Bauunternehmungen konzipiert hatten. Dabei ging es vor allem darum, zu erkunden, ob überhaupt Türme in einer Höhe von 185 m wirtschaftlich und sicher zu errichten waren. Dies ist zweifellos möglich, womit das Hauptziel des Entwurfs erreicht war.

Aber Sie haben ganz richtig bemerkt, daß die Entwicklung in eine andere Richtung gegangen ist. Auch ich finde es richtiger, Kühltürme unten etwas breiter und nicht so hoch zu bauen. Das führt allerdings zu zwei konstruktiven Problemen. Wegen des größeren Durchmessers sinkt die Stabilitätslast sehr stark ab, und parallel dazu – mathematisch das gleiche Problem – sinken auch die Eigenfrequenzen ab. Beidem kann man nur durch das Einziehen von Ringen begegnen. Dies dürfte daher das Konstruktionsprinzip der nahen Zukunft für hohe Türme werden. Würde man nämlich die Schale verdicken, so würde die Masse der Schale zunehmen und damit die Eigenfrequenz absinken. Der Einbau von Ringen ist somit eine hervorragende technische Alternative.

Neue Möglichkeiten in der Konstruktiven Gestaltung von Bauwerken

von *Helmut Domke*, Aachen

Vor nahezu fünf Jahren stellte ich im Rahmen eines Berichtes über konstruktive Möglichkeiten zur Vermeidung von Berg- und Erdbebenschäden Betrachtungen über mögliche Weiterentwicklungen an. Als besonders ergiebig schien mir dabei die Möglichkeit, unerwünschte Tragwerksverformungen durch aktiv erzeugte Gegenverformungen schon in der Anfangsphase zu unterdrücken und damit auch die durch solche Verformungen entstehenden Beanspruchungen zum Verschwinden zu bringen [1].

Nachdem sich herausstellte, daß der Stand der Technik bei Hydraulik und Pneumatik zur Erzeugung der Gegenkräfte und bei der elektrischen Regelungstechnik zu ihrer automatischen Steuerung die Realisierung solcher Gedanken möglich macht, gründeten wir an der TH Aachen eine Arbeitsgruppe, die die bei diesem Vorhaben zu bewältigenden theoretischen und praktischen Probleme in Angriff nahm. Zu dieser Arbeitsgruppe gehören:

Prof. Dr.-Ing. Wolfgang Backé	(Hydraulische und Pneumatische Antriebe und Steuerungen)
Prof. Dr.-Ing. Helmut Domke	(Konstruktive Gestaltung)
Ltd. Min. Rat. Dr. Ing. E. h. Hanno Goffin	(Bauüberwachung)
Akad. Oberrat Hirsch	(Schwingungstechnik)
Dr.-Ing. Hans Ruscheweyh	(Bauwerksdynamik)
Prof. Dr. sc. techn. Heinrich Meyr	(Elektrische Regelungstechnik)
Prof. Dr.-Ing. Bertold Witte	(Geodäsie)

Mir als dem Vertreter des Bauwesens kommt heute die Aufgabe zu, Ihnen die Möglichkeiten dieses neuen Konstruktionsprinzips auf dem Teilgebiet der Biegetragwerke darzulegen. Dabei werde ich zunächst die theoretischen Zusammenhänge und die daraus zu ziehenden konstruktiven Folgerungen darstellen und Ihnen dann berichten, wieweit unser 10 m weit gespanntes Versuchstragwerk dem vorausberechneten Verhalten entsprach. Über Funktionsweise und Verläßlichkeit der pneumatischen oder hydraulischen Aggregate und der elektrischen Regelungseinrichtungen, wie auch über die Meßwertaufnahme werde ich mich nicht äußern. Fragen zu diesen Themen werden in der anschließenden Diskussion von meinen mitwirkenden Kollegen beantwortet.

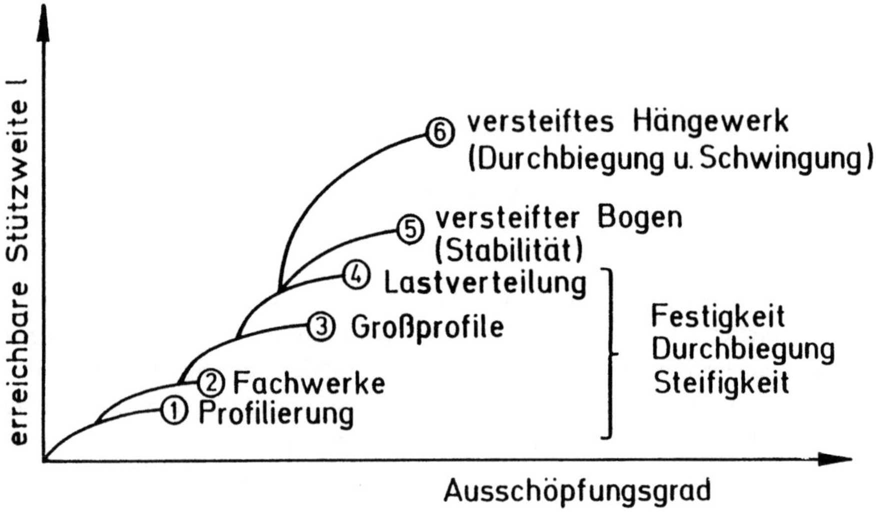

Abb. 1: Ergiebigkeitsdiagramm verschiedener Konstruktionsprinzipien bei Biegetragwerken

1. Ergiebigkeitsdiagramm

Um deutlich zu machen, welche konstruktive Entwicklung die Biegetragwerke als Folge der wissenschaftlichen Durchdringung des Tragverhaltens erfahren haben, zeige ich einen Ausschnitt aus einem schon früher gezeigten Diagramm. Es gilt unabhängig von den Eigenschaften des jeweiligen Baustoffs (Abb. 1).

Alle Kurven streben Grenzwerten zu, die bisher nicht überwunden werden können. Es sind dies:

1. Zu große Formänderungen unter wechselnder Last.
2. Zu große Amplituden bei Schwingungen infolge schnell wechselnder Last.
3. Unzureichende Stabilität des Tragwerks bei Druckbeanspruchung.
4. Unmöglichkeit, einen Biegequerschnitt bei wechselnder Last gleichmäßig auszunutzen.
5. Zu hoher Eigengewichtsanteil bei wachsender Stützweite.

2. Leistungssteigerung mit Hilfe der Aktiven Verformungskontrolle

Um die geschilderten Grenzen überschreiten zu können, muß eine Konstruktion gefunden werden, mit der es möglich ist, durch den Einsatz der Aktiven Verformungskontrolle (AVK) unerwünschte Durchbiegungen zu verhindern und

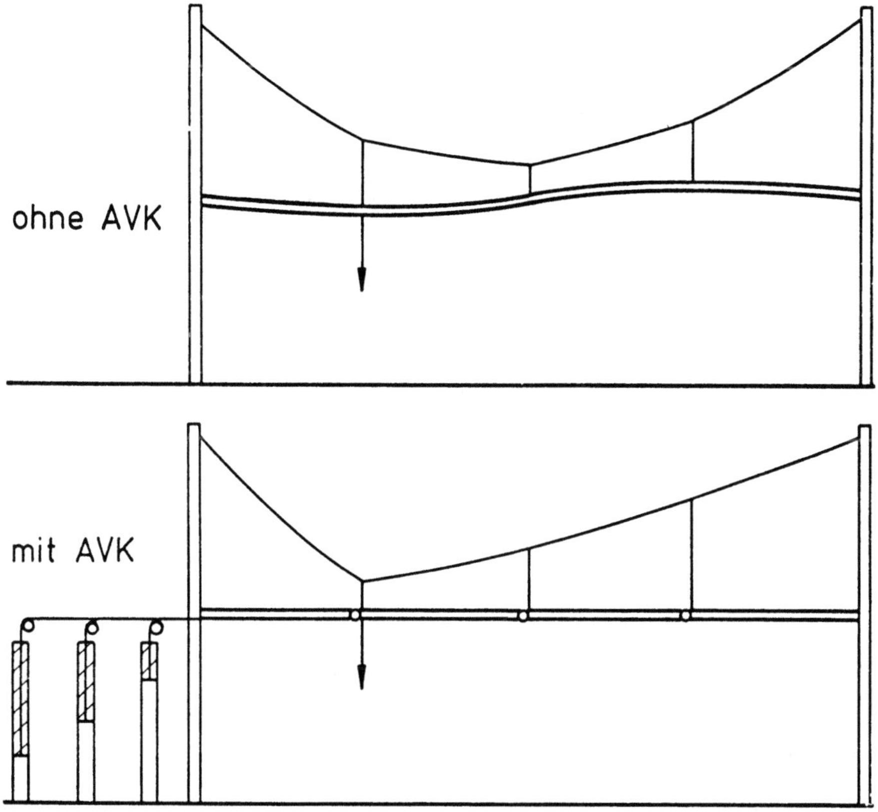

Abb. 2: Hängetragwerk ohne und mit AVK

gleichzeitig bei beliebiger Belastung die vorhandenen Querschnittsteile restlos auszunutzen.

Diese Aufgabe ist lösbar, wenn das Gesamttragwerk unterteilt wird in ein die Nutzlast aufnehmendes Tragteil und ein Stütztragteil.

Dabei stützt sich die Nutzlastebene mit Hilfe aktiv regelbarer hydraulischer Antriebe auf das Stütztragteil ab, das damit die Gesamtlast tragen muß. Diese Antriebe werden automatisch so gesteuert, daß die Nutzlastebene unter beliebiger Belastung immer waagerecht und damit ohne Beanspruchung bleibt. Als Stütztragteil eignet sich besonders das bewegliche Seil, das, von geringen Störungen in Lasteinleitungsbereichen abgesehen, immer gleichmäßig auf Zug beansprucht wird. Es ist ohne Stabilitätsprobleme und paßt sich jeder Belastungsänderung selbsttätig durch Veränderung seiner Geometrie an.

Am Beispiel eines erdverankerten Hängewerkes zeigt sich, daß das die Nutzlast aufnehmende Tragteil bei AVK-Einsatz nahezu beanspruchungsfrei ist und daher sehr leicht gehalten werden kann. Biegebeanspruchungen entstehen nur bei der Abtragung der Last zu den Aufhängungspunkten (Abb. 2).

Ist eine unabhängige Stützseilverankerung nicht möglich, so kann das die Nutzlast aufnehmende Tragteil, ohne dessen Funktion zu beeinträchtigen, zur Rückverankerung der Stützseile genutzt werden. Das Tragteil steht dann unter reinem Druck. Da sein mögliches Ausknicken durch eine in beiden Richtungen wirkende hydraulische Kopplung, ebenso wie jede Durchbiegung, verhindert wird, kann seine Druckfestigkeit nahezu vollständig ausgenutzt werden. Die mögliche Anspannung der Stützseile entspricht damit der vom Nutzlasttragteil aufnehmbaren Druckkraft. Die leistungsfähigste Form der Grundkonstruktion zeigt Abb. 3.

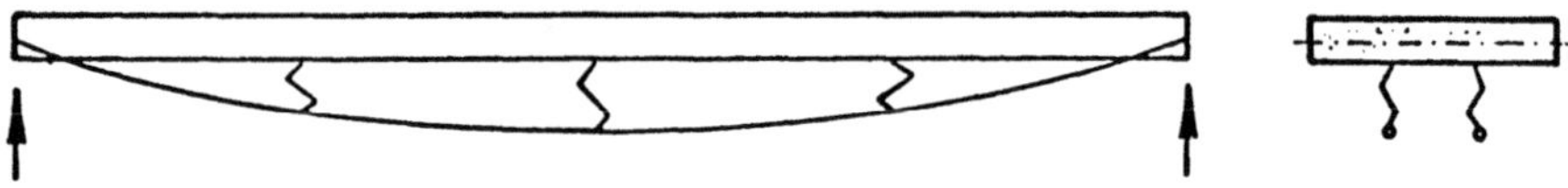

Abb. 3: Unterspannter Träger

Diese Form hat für die Praxis jedoch einige entscheidende Nachteile:

1. Die geringe Biegesteifigkeit des Nutzlasttragteils macht eine nahezu kontinuierliche doppelt wirkende Kopplung notwendig, die sehr aufwendig ist und beständigen AVK-Einsatz verlangt.
2. Stützseile und AVK-Einrichtungen liegen offen und ungeschützt.
3. Die Konstruktionshöhe des Tragwerks ändert sich ständig mit der Belastung.

Als wesentlich vorteilhafter hat sich für das Nutzlasttragteil ein U-förmiger Querschnitt erwiesen, der diese Nachteile vermeidet. Die Steifigkeit erreicht bei konstanter Querschnittsfläche ihr Maximum bei einer Schwerpunktlage in ⅔ der Konstruktionshöhe. Gegenüber der leistungsfähigsten Form sinkt damit der nutzbare Seilstich jedoch nur um 20% bei gleicher Konstruktionshöhe. Die beweglichen Stützseile können so zwischen den Stegen angeordnet werden, daß sie auch bei maximaler Belastung nicht über die Unterkante des Tragwerks hinausragen (Abb. 4). Diese Querschnittsform liegt daher allen weiteren Betrachtungen zugrunde.

Abb. 4: U-Querschnitt

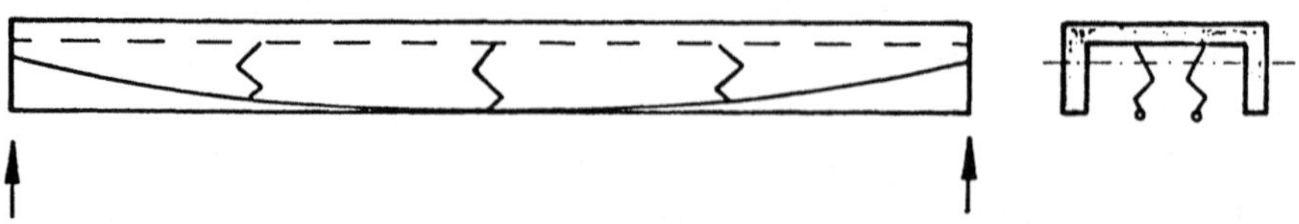

3. Quantitative Ermittlung der durch AVK-Einsatz möglichen Leistungssteigerung

Die bisher leistungsfähigsten Konstruktionen sind Biegetragwerke mit rückverankerten festliegenden Stützseilen. Da hier das Nutzlasttragteil alle Biegebeanspruchungen aus veränderlicher Belastung aufnehmen muß, kann es nur zum Teil für die Rückverankerung der Seile verwendet werden. Der Vorteil des AVK-Einsatzes liegt daher vor allem darin, daß das Nutzlasttragteil jetzt ohne Biegebeanspruchung bleibt und daher vollständig zur Rückverankerung größerer Seilkräfte mit höherer Tragfähigkeit genutzt werden kann.

Um die hier liegenden Möglichkeiten quantitativ sichtbar zu machen, wird ein Tragwerk mit U-förmigem Querschnitt zunächst in seiner Leistungsfähigkeit hinsichtlich Tragfähigkeit und erreichbarer Stützweite bei AVK-Einsatz untersucht.

Dann werden Seilspannung und Seilstich des parabelförmig verlegten Stützseils soweit zurückgenommen, bis das Tragwerk ohne AVK-Einsatz wie ein normales vorgespanntes funktioniert.

A	Querschnittsfläche	$A \cdot h \cdot c_B = W_{min}$	Widerstandsmoment
h	Konstruktionshöhe	l	Stützweite
$A \cdot \gamma = g$	Eigengewicht	γ	spezifisches Gewicht
$\frac{h}{l}$	Schlankheit	$\frac{\sigma}{\gamma}$	Reißlänge
$\sigma = \sigma_{max}, \sigma_v$	zentrische Vorspannung		
σ_g	Biegebeanspruchung aus Eigengewicht		
σ_p	Biegebeanspruchung aus Verkehrslast		
$c_A \cdot h = f$	maximaler Seilstich		

Als Randbedingungen für ein solches vorgespanntes Tragwerk gelten für die obere Faser (belastetes Tragwerk):

$$-\sigma_v + \frac{\sigma_{vm}}{2} - \frac{\sigma_g}{2} - \frac{\sigma_p}{2} = -\sigma \tag{1}$$

und für die untere Faser (unbelastetes Tragwerk):

$$-\sigma_v - \sigma_{v_m} + \sigma_g = -\sigma \tag{2}$$

Wird optimal verlangt, daß $\sigma_p = \sigma$ erreicht, so ergibt sich durch Umformung:

$$-\sigma_{vm} = (c_A - 1)\,\sigma - \frac{\gamma l^2}{8 \cdot h \cdot c_B} = -\frac{M_v}{W_{min}} = -\frac{c_A}{c_B}\,\bar{c}_A \cdot \sigma$$

und damit

$$\bar{c}_A = \frac{c_B}{c_A}\left(\frac{\gamma}{\sigma} \cdot \frac{l}{h} \cdot \frac{1}{8c_B} \cdot l + 1\right) - c_B \tag{3}$$

oder aufgelöst nach l:

$$l = \left(\frac{c_A}{c_B} \cdot \bar{c}_A + c_A - 1\right)\frac{\sigma}{\gamma} \cdot \frac{h}{l} \cdot c_B \cdot 8 \tag{4}$$

Oberhalb dieser Stützweite nimmt die nutzbare Verkehrslastbeanspruchung wegen des wachsenden Eigengewichtsanteils ständig ab. Hier ergibt sich der Wert $\bar{c}_A$ aus der Bedingung:

$$\sigma_v = \sigma - \frac{\sigma_p}{2}$$

aus (1):

$$-\sigma_{v_m} = -\sigma_g - \frac{\sigma_p}{2} = -\frac{\bar{c}_A}{c_B} \cdot \sigma_v$$

$$\bar{c}_A = c_B\left(\sigma_g + \frac{\sigma_p}{2}\right)\frac{1}{\sigma_v} \tag{5}$$

$$\bar{c}_A = c_B \frac{\sigma_g + \frac{\sigma_p}{2}}{\sigma - \frac{\sigma_p}{2}}$$

Gleichzeitig mit dem Seilstich muß aber auch die bei AVK-Einsatz wirksame volle Seilvorspannung auf den Wert abgebaut werden, der bei fester Seillage zulässig ist.

Bei Ansatz der algebraischen Näherungslösung für die Abnahme der Seildehnung mit dem Stich ergibt sich:

$$\Delta\varepsilon = \frac{\Delta\sigma_s}{E_s} = \frac{8}{3}\left(\frac{h}{l}\right)^2\left(c_A^2 - \bar{c}_A^2\right)$$

oder

$$\bar{c}_A = \sqrt{c_A^2 - \frac{3}{8}\left(\frac{l}{h}\right)^2 \cdot \frac{\sigma_p}{2E}} \tag{6}$$

wenn

$$\frac{\Delta\sigma}{E} = \frac{\Delta\sigma_s}{E_s} = \frac{\sigma_p}{2E}$$

Eine optimale Tragfähigkeit bei fester Seillage setzt voraus, daß die Werte von $\bar{c}_A$ nach (3) und (6) bzw. (5) und (6) zur Übereinstimmung gebracht werden.

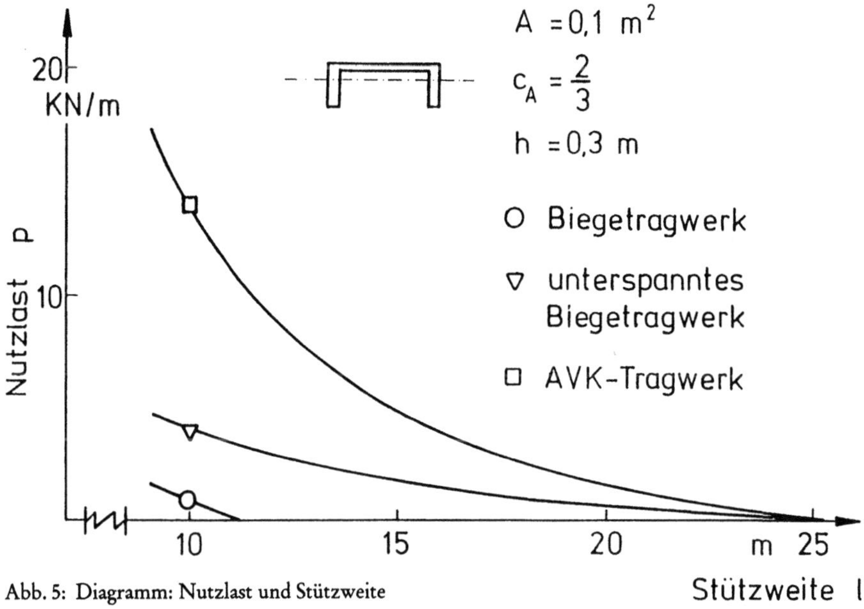

Abb. 5: Diagramm: Nutzlast und Stützweite

Bei der Auswertung dieser Formeln für einen Tragwerksquerschnitt von 0,1 m^2 ergeben sich zwischen der Leistungsfähigkeit des Tragwerks mit fester und beweglicher (AVK-gesteuerter) Seillage die in den Diagrammen dargestellten Werte:

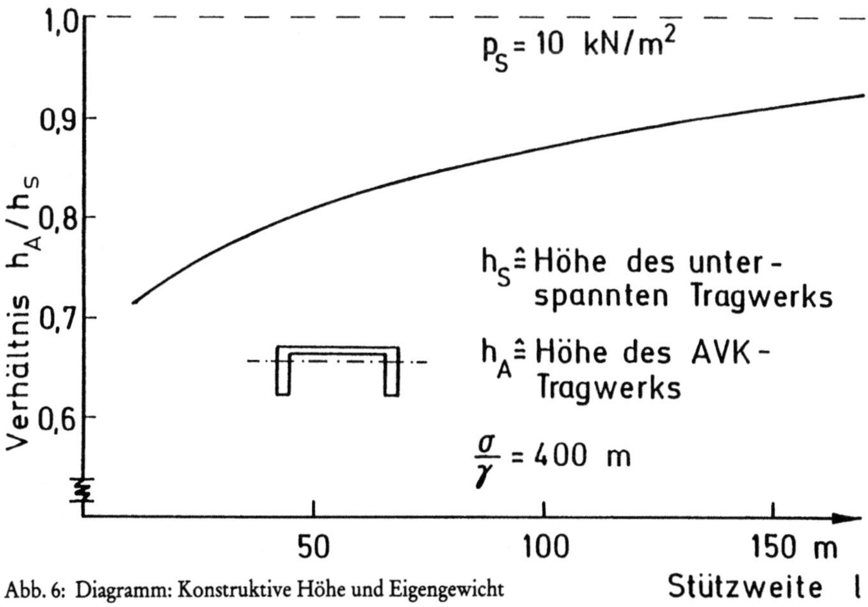

Abb. 6: Diagramm: Konstruktive Höhe und Eigengewicht

1. Tragfähigkeit und erreichbare Stützweite bei gleichem Querschnitt (Abb. 5);
2. Konstruktionshöhenverringerung und Querschnittsabminderung bei gleicher Stützweite und Last (Abb. 6).

Die mögliche Laststeigerung liegt damit bei konstanter Stützweite zwischen dem zwei- und vierfachen, die Stützweitensteigerung bei gleichbleibender Last zwischen dem 1,2- und 1,7-fachen und die Verringerung von Konstruktionshöhe und Eigengewicht bei gleicher Last und Stützweite zwischen dem 0,9 und 0,7-fachen.

Diese Leistungssteigerungen sind darüber hinaus erstmalig im Bauwesen ohne Durchbiegung des Nutzlasttragteils möglich.

4. Versuchstragwerk

Wegen Fehlens eigener ausreichender Forschungsmittel wäre die Verifizierung des neuen Konstruktionsprinzips durch ein Versuchstragwerk nicht möglich gewesen, wenn uns maßgebende Firmen der deutschen Bauindustrie nicht in großzügigster Weise unterstützt hätten. Unser besonderer Dank gilt daher der Firma Hochtief, Essen, die die Stahlbetonkonstruktion herstellte, der Firma Suspa, Langenfeld, die ihre als bewegliche Stützseile besonders geeigneten Spannglieder mitsamt den Verankerungen und Umlenkplatten an den Kopplungspunkten lieferte und einbaute, der Firma Neuman, Eschweiler, die die Stützen herstellte und der bekannten Spezialfirma Vetter, Zülpich, die uns für unsere Versuche sechs ihrer robusten Druckkissen als pneumatische Antriebe zur Verfügung stellte.

Die sonstigen pneumatischen Aggregate zum Betrieb der Anlage, die elektrischen Regelungseinrichtungen und Meßwertaufnehmer stellten die Kollegen der Arbeitsgruppe aus ihren Beständen zur Verfügung.

Die Wirkungsweise des Versuchstragwerks ist in den entscheidenden Betriebsphasen in der Abb. 7 dargestellt. Ausführungsdetails gehen aus den Fotos der Tafeln I bis IV hervor.

Das 10 m lange, 0,3 m hohe und 1,0 m breite Versuchstragwerk hat eine wirksame Querschnittsfläche von 0,1 m^2. Bei einer Schlankheit von $\frac{1}{33}$, einer Materialergiebigkeit von $\frac{\sigma}{\gamma} = 400$, einem Beiwert $c_B = 0{,}14$ und der Stützweite von 10 m und einer Querschnittsfläche von 0,1 m^2 ergibt sich nach [3]:

$$\bar{c}_A = 0{,}224, \text{ gegenüber } c_A = 0{,}67$$

Liegen die Spannseile ohne AVK-Einsatz fest, wirkt das Tragwerk als Spannbetonträger ohne Verbund. Die größte in Tragwerkmitte aufnehmbare Einzellast beträgt in diesem Zustand 16 kN.

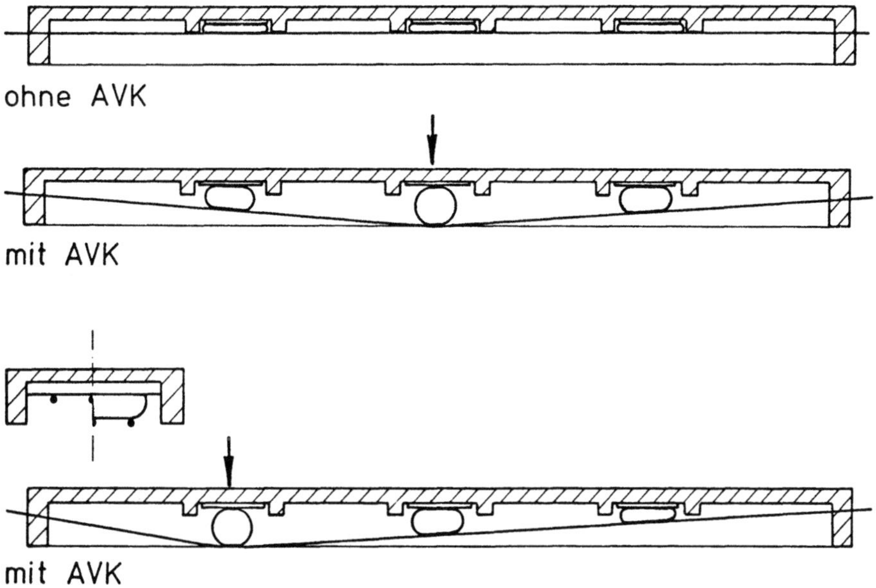

Abb. 7: Wirkungsweise des Versuchsträgers

Bei Vergrößerung des Seilstichs mittels AVK von 7 cm auf 20 cm steigt die Seilspannung um die Hälfte. Die maximale Tragkraft für eine Einzellast in Tragwerkmitte beträgt dann 64 kN. Diese theoretische Höchstlast konnte in den Versuchen nicht erreicht werden, da die Hubkraft der verwendeten Kissen bei dem notwendigen Hub von 13 cm hierfür nicht ausreichte. Diesem Mangel läßt sich aber durch Aufeinanderlegen zweier Kissen abhelfen. Bis zur Last von 3,2 Mp stimmten Soll- und Ist-Werte jedoch nahezu vollständig überein. Der Vorteil des Verfahrens liegt aber auch darin, daß die Ursachen für die Abweichungen eindeutig identifizierbar und quantitativ ermittelbar sind. Hier waren es: Abweichungen zwischen idealisierter und wirklicher Seillagerung, Seilkraftverluste aus Umlenkreibung und Kriechverluste.

Die AVK-Anlage funktionierte trotz ihrer Primitivität bei langsamen Laständerungen sehr gut. Ihre Ergebnisse sind in Abb. 8 dargestellt. Bei zunehmender Lastwechselgeschwindigkeit reichte die Reaktionsgeschwindigkeit jedoch nicht aus, so daß es nicht möglich war, die Eigenschwingungen im Bereich von 5 bis 6 Hz zu unterdrücken. Hier sind noch erhebliche Entwicklungsarbeiten notwendig.

Die konstruktiven Weiterentwicklungen werden vor allem unter dem Sicherheitsaspekt stehen, der größte Einfachheit, Robustheit und Zuverlässigkeit verlangt. Hierzu gehört die Weiterentwicklung der Druckkissen und Druckmedien.

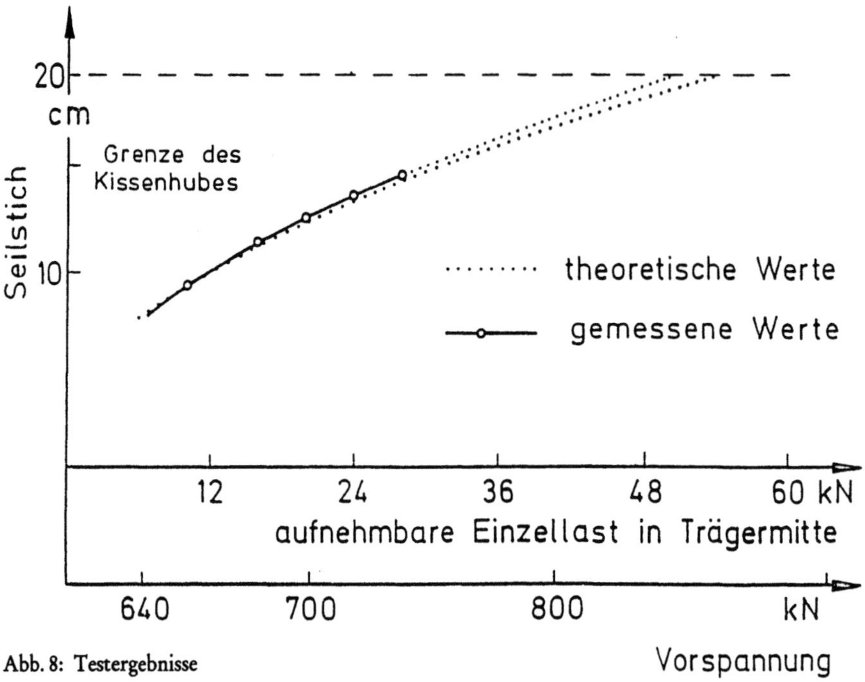

Abb. 8: Testergebnisse

5. *Zusammenfassung*

Es konnte nachgewiesen werden, daß es möglich ist, mit Hilfe der Aktiven Verformungskontrolle die derzeit bestehenden Grenzen der Leistungsfähigkeit von Biegetragwerken erheblich zu überschreiten und dabei gleichzeitig jede unerwünschte Durchbiegung zu unterbinden. Unter Nutzung der dargestellten theoretischen Zusammenhänge läßt sich ein Tragwerk so gestalten, daß seine Tragfähigkeit unter sonst gleichen Bedingungen bis zum 4-fachen erhöht, oder daß die Stützweite um das 1,7-fache vergrößert werden kann. Bei Verzicht auf Lasterhöhung lassen sich Eigengewicht und Konstruktionshöhe auf 70% der heute notwendigen Abmessungen verringern.

Die durch Einführung zusätzlicher aktiv wirkender Einrichtungen entstehenden Risiken sind beherrschbar. Sie reduzieren darüber hinaus bestehende Risiken durch ihre gleichzeitige Überwachungsfunktion.

Die praktische Anwendung wird dort beginnen, wo eine gestellte Bauaufgabe nur unter Nutzung der neuen Möglichkeiten überhaupt gelöst werden kann. Dann werden die Aufgaben folgen, bei denen durch Anwendung des neuen Prinzips erhebliche wirtschaftliche Vorteile erzielt werden können. Unsere weitere Aufgabe wird darin liegen, dabei auftretende Schwierigkeiten aus dem Wege zu räumen.

Literatur

[1] DOMKE, H.: Sicherungsmaßnahmen gegen Bergschäden und Erdbeben sowie ihre Auswirkungen auf neuere konstruktive Entwicklungen im allgemeinen Bauwesen. RWAkW N 285, Westdeutscher Verlag, 1979

[2] DOMKE, H., BACKÉ, W., MEYR, H., HIRSCH, G. und GOFFIN, H.: Aktive Verformungskontrolle von Bauwerken, Bauingenieur 56 (81)

[3] DOMKE, H., BACKÉ, W., MEYR, H., GOFFIN, H., WITTE, B.: Leistungssteigerung von Biegetragwerken durch Aktive Verformungskontrolle, Bauingenieur (84)

a) Versuchsträger mit Steuerstand rechts hinten

b) Druckkissen vor dem Einbau

a) Einbau der Druckkissen vor dem Anspannen der Stützseile
Ansicht von unten

b) Ansicht von der Seite

Tafel II

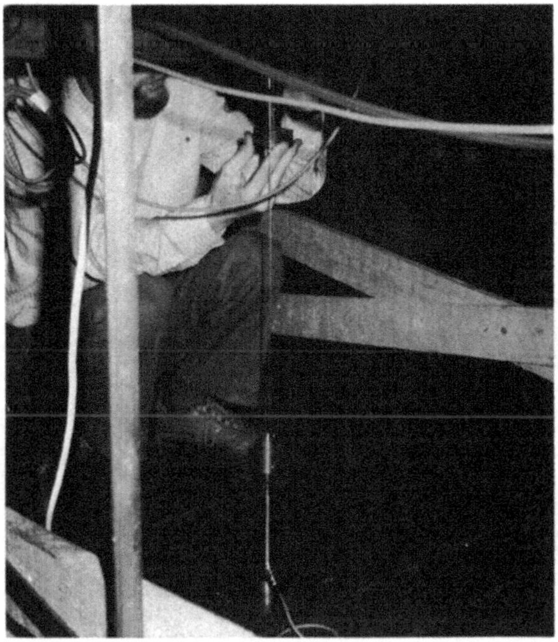

a) Induktionsgeber zur Abstandsmessung zum Fußboden

b) Pneumatische Steuerventile

Tafel III

a) Probebelastung

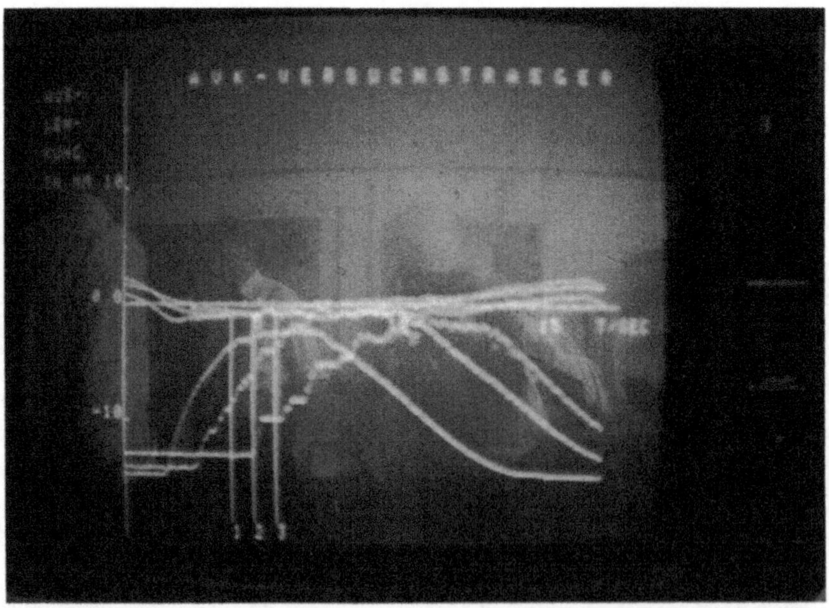

b) Trägerdurchbiegung und Kissenhub unter fahrender Last (Bildschirmdarstellung)

Tafel IV

Diskussion

Herr Staufenbiel: Herr Domke, mir ist nicht ganz klar geworden, was gemessen wird. Es muß ja irgendeine Rückführung über die Stellglieder erfolgen. Was wird eigentlich gemessen? Wird die Position gegen den festen Untergrund gemessen? Oder werden irgendwelche Kräfte, Spannungen usw. gemessen?

Herr Domke: Wir messen die Durchbiegung. Als starre Referenzebene diente bei den Versuchen der Hallenfußboden. Über die möglichen Durchbiegungsmessungen gegenüber anderen Bezugsebenen berichtet am besten Herr Kollege Witte.

Herr Witte: Wenn man die Durchbiegung eines Brückenbauwerkes bestimmen will, dann muß natürlich eine Bezugsebene vorhanden sein, auf die sich alle Messungen beziehen. Es gibt heute verschiedene Möglichkeiten, eine solche Bezugsebene zu realisieren. Beispielsweise haben wir dafür einen Laserstrahl vorgesehen. Gewisse Effekte beim Laser führen jedoch dazu, daß dieser Laserstrahl richtungsmäßigen Veränderungen unterliegt. Diesem Problem müssen wir noch nachgehen.

Hinzu kommt, daß im Bauwesen die Sicherheit an erster Stelle steht, und deshalb sollte man solche Systeme redundant auslegen. Wir haben uns dazu überlegt, daß wir nicht nur einen Laserstrahl nehmen, sondern ein zusätzliches Meßsystem mit einbauen, zum Beispiel ein Schlauchwaagensystem, also ein hydrostatisches Meßsystem, das Drifteffekte des Laserstrahls, die natürlich über einen etwas längeren Zeitraum auftreten können, erfaßt. Diese beiden Meßsysteme zusammen erlauben uns, eine stabile Referenzebene zu erzeugen.

Nun noch einmal zurück zur Redundanz. Wir haben überlegt, daß man allein mit einem solchen System, wenn es einmal ausfällt, nicht auskommen kann, weshalb wir mit einem gespannten Draht als zusätzlicher Referenzlinie arbeiten wollen, wobei der Abgriff über Photodioden erfolgen soll. Die so gewonnenen Meßwerte werden an die Regelungstechnik zur weiteren Verarbeitung übergeben.

Herr Zerna: Haben Sie, wenn wir an Brückenträger denken, schon einmal Untersuchungen angestellt, von welcher Spannweite ab das von Ihnen vorgeschlagene Verfahren interessant ist?

Dann eine zweite Frage: Der ganze Aufwand und Ihre bisherigen Untersuchungen haben ja eine gewisse Beziehung zum Spannbeton. Wie sieht es aus, wenn als Werkstoff nicht Beton, sondern Stahl verwendet wird? Es könnte doch sein, daß der Stahl, der andere Eigenschaften bezüglich Festigkeit usw. hat, sozusagen eine Art Konkurrenz zu Ihrem Verfahren darstellt. Es könnte aber auch so sein, daß sich, wenn Ihr Verfahren mit Stahl kombiniert wird, eventuell noch ganz andere Möglichkeiten ergeben.

Eine weitere Frage stellt sich nach dem Sicherheitskonzept. Es wurde vorhin schon angesprochen: Wir müssen davon ausgehen, daß unsere Bauwerke eine gewisse Sicherheit haben müssen. Das heutige Sicherheitskonzept ist sehr einfach, indem anstelle von Überlegungen bezüglich Wahrscheinlichkeiten und Sicherheit nur mit einer Überbelastung gerechnet wird. Wir sagen heute: Unsere Bauwerke sind dann sicher genug, um es einmal grob zu sagen, wenn etwa die zweifache Last getragen wird.

Das alles geht bei Ihrem Verfahren ja nicht. Es existieren theoretische Methoden, um eine echte Sicherheitstheorie zu entwickeln, die auf Wahrscheinlichkeitsbetrachtungen aufbaut. Dann müßten alle Systeme, die Sie verwenden, mit einbezogen werden. Da liegt also noch ein weites Feld an Arbeit und Entwicklung vor uns.

Herr Domke: Zur ersten Frage: Das vorgeschlagene Verfahren erlaubt auch bei den größten Spannweiten, wie in den Diagrammen gezeigt, mindestens eine Verdoppelung der Nutzlast, wenn die Seiltragkraft entsprechend erhöht wird.

Mit abnehmendem Eigengewichtsanteil verringert sich bei Ausnutzung der größtmöglichen Seilvorspannung der zulässige Seilstich bei unbelastetem Tragwerk. Die durch Einsatz der Aktiven Verformungskontrolle mögliche Vergrößerung des Seilstichs und der damit verbundenen Seilvorspannung kann dann, wie beim Versuchstragwerk, zu Laststeigerungen um das 4fache führen.

Zur zweiten Frage: Das Verfahren ist unabhängig vom Werkstoff. Durch das Ausschalten von Biegebeanspruchungen mit ihrer unvollständigen Materialausnutzung in allen Teilen des Tragwerks aktiviert es bisher nicht nutzbare Tragfähigkeitsreserven. Da gleichzeitig auch alle Durchbiegungen entfallen, wird es in Zukunft möglich sein, auch Baustoffe mit geringem Eigengewicht und hoher Festigkeit, aber relativ niedrigem Elastizitätsmodul, wie Aluminium und Kunststoffe, für Tragwerke in weit größerem Umfang zu verwenden als das bisher möglich war. Theoretisch ist hier eine Leistungssteigerung möglich, die über die von Spannbeton und Stahl weit hinausgeht.

Zu Frage drei: Das derzeit vorhandene Sicherheitskonzept des Bauwesens bedarf nach Einführung der Aktiven Verformungskontrolle sicher einer Ergänzung. Ich kann aber hinsichtlich der Lastannahmen und der Materialfestigkeiten weiterhin die gleichen Überlegungen auch für die mit Aktiver Verformungskontrolle erreichbaren Grenzzustände anstellen. Damit diese Grenzzustände auch tatsächlich eintreten können, ist natürlich vorausgesetzt, daß die Gegenwirkung und deren Steuerung mit gleich niedriger Ausfallwahrscheinlichkeit funktionieren wie das heute von jeder normalen Baukonstruktion verlangt wird.

Dieser zusätzlichen Forderung steht aber ein bisher nicht realisierbarer Gewinn an Zuverlässigkeit gegenüber. Es ist mit Hilfe der Aktiven Verformungskontrolle erstmals möglich, die Funktion eines Bauwerks nach seiner Fertigstellung laufend automatisch zu überwachen. Jede Abweichung vom Sollverhalten ist dann in einem so frühen Stadium erkennbar, daß das Eintreten ernstlicher Schäden durch rechtzeitige Gegenmaßnahmen verhindert werden kann. Solche mit Hilfe der Aktiven Verformungskontrolle erkennbaren Abweichungen können u. a. folgende Ursachen haben: ungenügende Übereinstimmung von wirklichem und berechnetem Tragsystem, Imperfektionen der Form des Tragwerks und des verwendeten Materials, unerwartete unterschiedliche Stützensenkungen, nichtvorhersehbare Verformungen elastischer oder plastischer Art, Eigenspannungen aus Temperaturzwängung.

Aber auch an gerade erstellten Bauwerken lassen sich Größen wie das wirkliche Eigengewicht und seine Verteilung nachprüfen gegenüber den der Berechnung zugrunde gelegten Annahmen. Das gleiche gilt für den tatsächlichen Elastizitätsmodul des verwendeten Materials bei unterschiedlich hoher Beanspruchung. Gleichzeitig ließe sich die Veränderung des wirksamen Trägheitsmomentes bei nichtlinearem Spannungsdehnungsverhältnis ablesen. Es ist wahrscheinlich, daß die Möglichkeiten und Erkenntnisse einer solchen Überwachung sogar zu einer Herabsetzung der Sicherheitszuschläge führen.

Zum Schluß möchte ich noch darauf hinweisen, daß mit Hilfe der eingeschalteten Anlage die tatsächliche wechselnde Belastung gemessen werden kann, was gegenüber den heutigen statistischen Annahmen sicherlich zu wirklichkeitsgetreueren Erkenntnissen führt.

Herr Müller: Wenn ich Sie recht verstanden habe, wollen Sie den Spannungszustand des Bauwerks durch Vorspannungen der jeweiligen Belastung anpassen.

Der entscheidende Unterschied gegenüber der bisher nach meinem Wissen im Bauingenieurwesen verfolgten Sicherheits-Philosophie besteht darin, daß man das Bauwerk nicht in einer Form auslegt, die eine Sicherheit bei einer zu erwartenden hohen Belastung garantiert, sondern eine Vorrichtung anbringt, die den Spannungszustand variieren kann. Eine absolute Sicherheit ist ja ohnehin nicht zu erreichen, da man die hypothetischen Extrembelastungen nicht zu hoch ansetzen kann. Den hier fehlenden Sicherheitsfaktor sucht man bekanntlich durch Wahrscheinlichkeitsaussagen vertretbar zu machen.

Ihr Verfahren, sehr geehrter Herr Kollege Domke, geht von der Vorstellung aus, das Bauwerk für eine normale Beanspruchung auszulegen und eine zusätzliche Vorrichtung mechanischer Art vorzusehen, die bei starken Belastungen höhere Stabilität garantiert.

Ich habe den Eindruck, daß dies ein prinzipiell neuer Gedanke für das Sicherheitsdenken im Bauingenieurwesen ist, und es wird sicher nicht leicht sein, die entsprechenden technischen Lösungen zu finden. Die weitere Entwicklung wird aber an der Diskussion dieses Grundgedankens nicht vorbeisehen können, zumal ähnliche Überlegungen zum Problem der Zuverlässigkeit der Technik in anderen Bereichen des Ingenieurwesens m. W. schon länger verwirklicht worden sind.

Herr Meyr: Sie haben schon die zwei wesentlichen Punkte herausgestrichen. Sie können das Regelungskonzept entweder quasi-statisch oder dynamisch ausführen. Das erste wird, wie Herr Domke angeführt hat, bei Brückensenkungen schon lange praktiziert. Dabei spielt die Dynamik des Bauwerkes keine Rolle und das Regelungskonzept ist daher sehr einfach. Der Vorteil liegt in der ständigen Überwachung des Systems. Das zweite Konzept wird benötigt, wenn bei der Regelung die Zeit wirklich eine Rolle spielt. Im Prinzip muß man sagen, daß dies ein weit offenes, aber auch sehr interessantes Problem ist.

Wenn die Dynamik des Systems berücksichtigt werden muß, dann müssen Sie auch die Stellglieder in einer derartigen Regelung in Betracht ziehen. Diese brauchen aber eine gewisse Zeit, um eine Masse zu verschieben. Je schneller Sie reagieren, umso kleiner bleibt die Durchbiegung, aber die Kräfte müssen eben sehr schnell aufgebracht werden. Die Hydraulik oder Pneumatik muß dann leistungsfähiger werden und die Ansteuerung wird aufwendiger.

Man muß hier aber zwei Dinge unterscheiden. Die anregenden Störkräfte können in einem Frequenzbereich liegen, der weit unterhalb der Eigenschwingungen des Bauwerkes liegt. Dies ist zum Beispiel der Fall, wenn ein Lastwagen über eine Brücke fährt. Dann braucht auch die Regelung das Bauwerk nur in diesem Frequenzbereich zu beeinflussen. Außerdem muß man bei gut eingestellter Regelung in der Hauptsache das Seil bewegen, das Bauwerk mit seiner viel größeren Masse bleibt fast in Ruhe. In diesem Fall sind auch die Stellkräfte vergleichsweise gering.

Viel schwieriger wird es, wenn die Störkräfte die Eigenschwingungen anregen. Dies trifft zum Beispiel bei Winderregung oder Erdbeben zu. Die Dimensionierung der Hydraulik oder Pneumatik in diesem Fall sind Fragen, die in der Arbeitsgruppe zur Zeit untersucht werden. Ebenso die Frage, welche Aufteilung zwischen aktiven und passiven Kompensationselementen günstig ist.

Herr Backé: Die Hydraulik und Pneumatik, also zusammengefaßt die Fluidtechnik, ist hier wohl wegen ihres guten Zeitverhaltens gefragt. Man kann mit kleinen mechanischen oder elektrischen Signalen sehr große Kräfte mit sehr hohen Geschwindigkeiten aufbringen. Im Vordergrund steht meistens bei solchen Aufgaben zunächst einmal die Funktionserfüllung, aber dann kommt immer das, was auch hier schon angeklungen ist, nämlich wie es mit der Sicherheit über längere Zeit steht. Gerade hier weichen die Anforderungen im Bauwesen doch zum Teil erheblich von dem ab, was wir im Maschinenbau normalerweise bei anderen Aufgaben gewohnt sind.

Allerdings muß man sagen, daß man auch recht ähnliche Aufgaben kennt, wenn man zum Beispiel an die Frage der Sicherheit im Luftverkehr bei Flugzeugen denkt. Auch da muß man mit bestimmten Prinzipien die Sicherheit sehr stark erhöhen. Man muß also mit Redundanzen arbeiten, mit vorbeugender Instandhaltung, mit Überwachung. Das sind Methoden, die, wenn man sich irgendwo einmal entschließt, solche Bauwerke mit Maschinenelementen zu kombinieren, sicher auch anzuwenden sind.

Es gibt beispielsweise auch ähnlich große Gebilde, die schon mit elektrohydraulischen Systemen stabil gehalten werden. Ich denke zum Beispiel an die Stabilisierung von großen Dampfern. Das ist eine ähnliche Aufgabe. Da gibt es Sensoren, beispielsweise Beschleunigungsaufnehmer oder Kreiselgeräte, von denen Signale kommen, die bewirken, daß die Flossen so betätigt werden, daß das Schiff durch die Wellen nicht in Schwingung gebracht wird. Das sind Dinge, die schon sehr nahe an den in Frage stehenden Aufgaben liegen.

Mir scheint vor allen Dingen die Langzeitnutzung von Bauwerken die besondere Anforderung an die Bauelemente des Maschinenbaues zu sein. Bei der Nutzung eines Bauwerkes denkt man ja immer sozusagen in Dekaden. Da sind sicher noch Entwicklungen sowohl hinsichtlich der Bauelemente, der eingesetzten Prinzipien als auch der Überwachungsstrategie notwendig.

Herr Hachenberg: Es wird Sie interessieren, daß wir schon in den sechziger Jahren beim Bau großer Radioteleskope auf einen ähnlichen Weg gestoßen sind. Bei den Teleskopen haben wir die optische Fläche, die optisch genau sein muß, und das Tragewerk, das sich wegen der unterschiedlichen Belastung beim *Kippen* des Gerätes enorm verformt. Damals haben wir auf dem gleichen Wege wie Sie hier die optische Fläche erst einmal von dem Tragewerk getrennt, und dann versucht, die elastische Verformung des Tragewerks beim Kippen durch aktive Elemente zu kompensieren. Wir sind damals an der Mechanik der aktiven Elemente gescheitert. Es gab für uns keine brauchbare Lösung, etwa die Dehnung einzelner Träger zu erreichen, um damit die Fläche konstant zu halten.

Die Lösung des Problems wurde dann auf einem anderen Wege erreicht. Wir fanden, daß sich das Tragewerk der Schale beim Kippen so verformt, daß sich durch die Knotenpunkte des Fachwerks, die die Reflektorfläche tragen, immer angenähert eine bestangepaßte Parabel legen läßt. Wir optimierten dann das Tragewerk schrittweise so, daß die Abweichungen von dieser Parabel klein blieben, und konnten erreichen, daß Verformungen des Tragewerks von > 6 cm in der Fläche sich nachher nur mehr mit weniger als 1 mm auswirkten. Das Teleskop muß aber dann wegen der sich mit dem Elevationswinkel verändernden Parabel immer neu fokussiert werden.

In den siebziger Jahren griff man in England das Problem noch einmal auf. Man konstruierte ein 130 m-Teleskop, bei dem die Reflektorfläche durch hydraulische Glieder konstant gehalten werden sollte. Aber die Konstruktion war gegenüber unserer Lösung schwerer und damit teurer und wurde nicht ausgeführt.

Wir sind dann später noch einen Schritt weitergegangen. Bei den Teleskopen für den mm-Wellenbereich sind die Anforderungen an die Genauigkeit der Reflektorfläche eine Größenordnung höher. Die Abweichungen der Fläche von der idealen Parabel dürfen hier nur etwa 0,1 mm betragen. Nun spielen sogar die thermischen Einflüsse in dem Tragewerk eine Rolle. Daher mußten wir das Tragewerk ganz einpacken und es thermisch stabil halten. Die Parabolfläche wurde unterteilt und auf kurzen Stützen außerhalb des klimatisierten Raumes montiert. So konnten dann auch die thermischen Verformungen stark reduziert werden.

Herr Backé: Es ist zweifellos so, daß der wesentliche Unterschied zu bestehenden Aufgaben ähnlicher Art tatsächlich der Bereitschaftszustand ist, der ständig gegeben sein muß. Es treten auch an anderer Stelle Probleme der Zuverlässigkeit bei großen Industrieanlagen auf. Beispielsweise muß eine Walzwerksstraße ständig laufen, und es muß durch irgendwelche Maßnahmen dafür gesorgt werden, daß das auch wirklich gesichert ist.

Wie macht man das? Man nutzt im wesentlichen zwei Prinzipien. Da ist einmal das Prinzip der Redundanz, daß man also zum Beispiel einen Antrieb mehrfach bereitstellt und jederzeit zuschalten kann. Und da ist gleichzeitig das Prinzip der Überwachung des Zustandes der einzelnen Komponenten. Man kann also sozusagen ein Fieberthermometer anlegen und feststellen, ob diese Anlage, dieses Gerät, diese Pumpe, dieser Antrieb gesund sind. Man bekommt auch Indizien, wenn ein Ausfall droht. Man kann somit vorbeugend umschalten, schon reparieren und wieder bereithalten.

Das sind Dinge, die durchaus heute schon gemacht werden müssen, damit Anlagen Tag und Nacht durchlaufen. Größere Schwierigkeiten sehe ich für die Einsatzfälle, bei denen die Anlage eigentlich nur selten zum Einsatz zu kommen hat, aber immer gesichert sein muß, daß sie tatsächlich funktionsfähig ist. Man könnte sich aber da auch durchaus in Zusammenarbeit mit der Mikroelektronik Verfahren vorstellen, bei denen ein Mikrorechner eine Anlage in Abständen in einem Testzyklus abfragt, ob sie noch funktionsfähig ist bzw. wie ihre Lebensdauererwartung ist. Das läßt sich im Prinzip alles machen, aber das ist sicher auch eine Kostenfrage.

Herr Staufenbiel: Ich möchte kurz auf eine Frage eingehen, die in der Luftfahrt bereits vor zehn oder fünfzehn Jahren aufgetaucht ist. Das ist die Vorstellung, daß mechanische Sicherheit sozusagen mehr wert sei als eine Sicherheit, bei der Elektronik und Hydraulik usw. im Spiele sind.

Wir können feststellen, daß die Hydraulik bereits vor etwa zehn Jahren massiv in den Flugzeugbau eingedrungen ist. Wenn sie heute mit einer B 747 fliegen, so haben Sie da vervierfachte Hydrauliksysteme, und wenn die Hydraulik ausfällt, dann stürzt das Flugzeug ab.

Die Verheiratung von mechanischer Sicherheit und von genügender Zuverlässigkeit in den Systemen erfolgt in der Luftfahrt bereits seit zehn, fünfzehn Jahren. Demgegenüber gibt es im vorliegenden Fall Gesichtspunkte, die das Problem wesentlich erleichtern. Das Thema der Redundanz kommt nur ins Spiel, wenn sehr schnell reagiert werden muß, um überhaupt die Funktion zu gewährleisten. Das ist im Flugzeugbau der Fall, die Regler haben eine sehr hohe Bandbreite. Im vorliegenden Fall kann die Reaktion um ein bis zwei Größenordnungen langsamer erfolgen.

Ich habe dann noch eine Frage. Das Redundanzproblem wird dann erleichtert, wenn Ihr Regler eine geringere Autorität hat. Wenn Sie also ein Ruder in vier Teile unterteilen, wie man es bei der B 747 macht, und es fällt ein Ruder zu einem Viertel aus, dann ist das nicht schlimm. Wenn dieser Reglerteil ausfällt, dann kann er nicht viel Schaden anrichten, weil nämlich die drei anderen Reglerteile dagegenarbeiten.

Meine Frage wäre also: Gibt es auch hier eine Begrenzung der Autorität? Sie haben vorhin mit den Kissen angedeutet, daß Sie sozusagen die Gesamtaktivität aufteilen in eine größere Anzahl von kleineren Aktivitäten, so daß dann ein Einzelausfall aus meiner Sicht eigentlich ganz harmlos wäre.

Herr Meyr: Ich bin froh, daß ich auch zur Zuverlässigkeit von der Elektronik her etwas sagen kann. Herr Staufenbiel hat das Wesentliche am Beispiel Luftfahrt schon gesagt. Man kann vielleicht noch einen Schritt weitergehen mit der Verbindung der Technologien. Die neue Flugzeuggeneration ist aerodynamisch instabil, fliegt also nur, wenn auch der Rechner funktioniert. Bei Militärflugzeugen wird dies heute schon realisiert, bei Verkehrsflugzeugen in der kommenden Generation.

Dieselben Techniken wie dort sind auch hier anwendbar. Neben der mechanischen Redundanz wird man auch die elektronischen Komponenten mehrfach auslegen, die Software muß ebenfalls unter dem Sicherheitskonzept entworfen werden.

Herr Langlie: Die Diskussion dreht sich bisher fast ausschließlich um Sicherheitsfragen. Eigentlich geht es aber um zwei Dinge, nämlich, wie beim Schiffsbau, einmal darum, daß das Schiff nicht kentert, das ist ein Sicherheitsproblem, zum anderen darum, daß ein Schiff bequem zu bewegen sein soll. Dazu sind die Stabilisatoren da, die ständig je nach Wetterlage automatisch geregelt werden, und das funktioniert ja auch weitgehend. Ähnliche Probleme haben wir im Bauwesen auch. Denken Sie an den Türsturz dort. Wenn er bricht, ist das ein Sicherheitsproblem. Wenn er sich durchbiegt und die Tür klemmt, ist es einfach eine Art Bequemlichkeitsproblem, vergleichbar mit den Stabilisatoren beim Schiff.

Ich möchte darauf hinweisen, daß diese Unterscheidung zwischen Sicherheit und Brauchbarkeit allgemein ganz wichtig ist. Es gibt schon eine Reihe von Anwendungen im Bauwesen mit aktiver Verformungskontrolle. Ich kann Ort und Stelle nicht erwähnen, aber es handelt sich um einen Stahlflugzeughangar im nördlichen Europa mit einem Hängedach aus Stahl. Nun gibt es die Lastfälle „Temperatur im Sommer" und „Schneelast im Winter", wegen der Durchbiegung des Daches klemmen die Tore. Was macht man dann? Man hat automatisch geregelte hydraulische Einrichtungen, die die Höhenlage der Torträger vorne am Hangar – es handelt sich um ein Hangardach von ungefähr 120×130 m, und der ca. 8 m hohe Torträger muß, glaube ich, etwa 30 m oberhalb des Geländes liegen, damit der Jumbo hineinpaßt – in Abhängigkeit von Schneelast und Temperatur automatisch regeln. Hierbei handelt es sich nicht um ein Sicherheits-, sondern um ein Brauchbarkeitsproblem. Diese Unterscheidung halte ich für wesentlich.

Herr Meyr: Dazu möchte ich bemerken, was Herr Staufenbiel auch schon angeschnitten hat: Ausfall eines Kissens bedeutet ja nicht Ausfall des ganzen Tragwerkes, sondern die Kissen sind redundant ausgelegt. Die Anzahl und die Art der Ansteuerung fließt natürlich im Sicherheitskonzept zusammen. Die Sicherheitsphilosophie mechanisch-elektronisch komplexer Systeme ist ein intensiv bearbeitetes Gebiet, so daß wir heute tatsächlich die Möglichkeit haben, zu einem solchen Sicherheitskonzept zu kommen.

Die Chance, die wir heute haben, liegt darin, daß die Elektronik derart billig und leistungsfähig ist, daß man Algorithmen implementieren kann, die noch vor fünf Jahren schlicht utopisch gewesen wären. Die Rechner dafür wären aus Kostengründen undenkbar gewesen. Ich glaube, wir müssen tatsächlich umdenken. Wir können heute sehr komplexe Dinge für extrem wenig Geld realisieren, und das wird meiner Meinung nach einen entscheidenden Einfluß auch auf diese Überlegungen haben.

Herr Lebek: Denken Sie an das Problem der Traglufthallen, bei denen bereits heute eine Mischung von Brauchbarkeits- und Sicherheitsproblem vorhanden ist.

Einen anderen Punkt des Beitrages von Herrn Langlie wollte ich noch unterstreichen. Ich komme wieder auf Brücken zurück, obwohl das Problem nicht grundsätzlich auf Brücken beschränkt ist. Was nützt uns eine Brücke, die - vom Standpunkt des Statikers her gesehen - eine vierfache Bruchsicherheit hat, wenn auf der Fahrbahnebene Autos über die Leitplanken springen können?

Herr Langlie: Sie meinen, wegen der Deformationen?

Herr Lebek: Nicht nur der Bauwerksdeformationen wegen, sondern weil - allgemein gesprochen - die Mehrzahl unserer Bauwerke zu einseitig allein von der konstruktiven Sicherheit her betrachtet werden. Brücken haben aber nicht nur - symbolisch gesprochen - den Zweck, als Brett über dem Bach zu liegen, sondern sie erfüllen doch ihren Sinn erst als Bestandteil eines Verkehrsweges. Das trifft meiner Ansicht nach längst nicht nur auf Brücken zu, sondern sinngemäß genauso auf andere Tragkonstruktionen. Wir müßten also davon wegkommen, Sicherheit nur als eine Sache der konstruktiven Sicherheit zu betrachten, sondern wir müssen uns tatsächlich ein noch allgemeineres, umfassendes Sicherheitskonzept überlegen.

Zum Problem der Dauerhaftigkeit möchte ich noch etwas sagen. Es ist richtig, daß wir bei der Lebensdauer von Haupttraggliedern in Brücken in Dekaden denken, in mehreren Dekaden. Es läßt sich darüber streiten, ob es vier, acht oder zwölf Dekaden sein sollen. Es ist aber nicht zu übersehen, daß rund 30% der Kosten einer Brücke längst nicht mehr in dieser Kategorie von Lebensdauer liegen, sondern daß wir sehr viel kurzlebigere Elemente in Brücken haben, die zur Gebrauchsfähigkeit absolut notwendig sind. Dazu zählen u. a. auch Lager, die bereits heute den Übergang von der reinen Bautechnik zur Maschinenbautechnik bilden. Für Übergangskonstruktionen gelten gleiche Überlegungen. Ich will dabei nicht von anderen Verkehrssicherheitseinrichtungen reden, wie Schilderbrücken, Leiteinrichtungen und ähnlichen Dingen, die heute bereits zum unverzichtbaren Teil der Sicherheit eines Verkehrsweges gehören.

Herr Schreyer: Ich würde gerne noch die Frage nach der Wirtschaftlichkeit stellen. Bislang hört es sich doch so an, daß mit all diesen zusätzlichen Apparaturen eine solche Brücke sehr viel teurer wird. Könnte es aber sein, daß man durch diese Apparaturen andererseits sehr viel Baumaterial sparen kann, so daß letzten Endes eine solche Brücke sogar billiger wird, einmal vom Sicherheitsfaktor abgesehen?

Herr Domke: Das ist natürlich das Ziel und ich habe ja vorhin anhand der Diagramme gezeigt, wieweit das möglich ist. Zunächst aber wird man das Verfahren sicher da anwenden, wo eine Lösung der gestellten Bauaufgabe ohne Einsatz der Aktiven Verformungskontrolle mit vertretbarem Einsatz nicht möglich ist. Das gilt vor allem für nachträgliche Verstärkungen der Tragfähigkeit bestehender Bauwerke.

In zweiter Linie wird man Konstruktionshöhe und Eigengewicht der Tragkonstruktion mit ihren Unterbauten und Fundamenten erheblich abmindern können, wenn die normal auftretende Belastung weit unter der denkbaren Höchstlast liegt. Das Tragwerk würde dann nur für die Normallast bemessen. Die Nutzung der Tragfähigkeitsreserven nach Einschaltung der Aktiven Verformungskontrolle würde dann ausreichen, auch die mögliche Höchstlast aufzunehmen. Als Beispiel mögen weitgespannte Dächer gelten, die auch in Westdeutschland für eine Schneelast von mindestens 75 kg/m^2 ausgelegt werden müssen, obwohl Schneelasten von mehr als 25 kg/m^2 am Niederrhein sehr selten vorkommen.

Aber auch im Straßenbau ließen sich erhebliche Beträge einsparen, wenn geringere Konstruktionshöhe von Kreuzungsbauwerken neben den Einsparungen am Bauwerk selbst zusätzliche Ersparnisse bei der Herstellung von Dämmen oder Einschnitten ermöglichte.

300	*Hans Adolf Krebs, Oxford*	On asking the right kind of question in biological research
	Jozef Schell, Köln	Neue Aussichten für die Pflanzenzüchtung: Gen-Übertragung mit dem Ti-Plasmid
301	*Gerhard M. Schneider, Bochum*	Fluide Mischungen bei hohen Drücken
	Albrecht Maas, Bonn	Direktbeobachtung und Analyse von Kristallwachstumsvorgängen im hochauflösenden Transmissions-Elektronenmikrospkop
302	*Albrecht Rabenau, Stuttgart*	Lithiumnitrid und verwandte Stoffe
	Ulrich Wannagat, Braunschweig	Sila-Substitutionen
303	*Hans K. Schneider, Köln*	Wirtschaftliches Wachstum – trotz erschöpfbarer natürlicher Ressourcen?
		Jahresfeier am 11. Juni 1980
304	*Hermann Flohn, Bonn*	Kohlendioxyd, Spurengase und Glashauseffekt: ihre Rolle für die Zukunft unseres Klimas
305	*Heinz Duddeck, Braunschweig*	Die Entwicklung der technischen Wissenschaft ‚Tunnelbau'
	Wolfgang Zerna, Bochum	Tanks für kryogene Flüssigkeiten
306	*Harald Schäfer, Münster*	Der Einfluß von Gasen auf die Reaktionsfähigkeit fester Stoffe
	Herbert Döring, Aachen	75 Jahre Hochvakuumelektronenröhren
307	*Hans J. Zassenhaus, Ohio*	Über die konstruktive Behandlung mathematischer Probleme
	Max Koecher, Münster	Von Matrizen zu Jordan-Tripelsystemen
308	*William F. Pohl, Minnesota*	The Application of Global Differential Geometry to the Investigation of Topological Enzymes and the Spatial Structure of Polymers
	Lothar Jaenicke, Köln	Chemotaxis – Signalaufnahme und Respons einzelliger Lebewesen
309	*Harald Ibach, Jülich/Aachen*	Zur Physik und Chemie der Festkörperoberfläche
310	*Edmond Malinvaud, Paris*	La profitabilité comme facteur de l'investissement
	Burkart Lutz, München	Einige Aspekte von Theorie und Empirie segmentierter Arbeitsmärkte
311	*Hans Jürgen Schmitt, Aachen*	Der Mensch im elektromagnetischen Feld
	Günter Rau, Aachen	Ergonomie in der Medizin
312	*Klaus Heckmann, Münster*	Über *omikron*-Partikel und andere Symbionten von Ciliaten
	Detlev Riesner, Düsseldorf	Viroide: Struktur und Funktion der kleinsten Krankheitserreger
313	*Sven Effert, Aachen*	Arrhythmien des Herzens
314	*Kurt Schmidt, Mainz*	Verlockungen und Gefahren der Schattenwirtschaft
315	*Eckart Reiche, Krefeld*	Tagebau Hambach: Voraussetzungen – Probleme – Lösungen
	Hans-Ulrich Schmincke, Bochum	Vulkane und ihre Wurzeln
316	*Roland Kammel, Berlin*	Umweltschutz durch Abwasserelektrolyse
	Ernst-Ulrich Reuther, Aachen	Zur Problematik tiefer Bergwerke
317	*Wilfried König, Aachen*	Fertigungstechnologie in den neunziger Jahren
	Manfred Weck, Aachen	Werkzeugmaschinen im Wandel
318	*Heinz Maier-Leibnitz, München*	Die Wirkung bedeutender Forscher und Lehrer – Erlebtes aus fünfzig Jahren
	Reimar Lüst, München	Derzeitige Bedingungen und Möglichkeiten für Forschung in der Bundesrepublik Deutschland
319	*Theo Mayer-Kuckuk, Bonn*	Hermes und das Schaf – interdisziplinäre Anwendungen kernphysikalischer Beschleuniger
320	*Gustav V. R. Born, London*	Die Rolle der Thrombozyten bei der Athero- und Thrombogenese
321	*Siegfried Großmann, Marburg*	Deterministisches Chaos
	Günter Harder, Bonn	Experimente in der Mathematik
322	*1. Akademie-Forum*	Technische Innovationen und Wirtschaftskraft
323	*Manfred Depenbrock, Bochum*	Energieumformung und Leistungssteuerung bei einer modernen Universallokomotive
324	*Franz Pischinger, Aachen*	Möglichkeiten zur Energieeinsparung beim Teillastbetrieb von Kraftfahrzeugmotoren
	Dietrich Neumann, Köln	Die zeitliche Programmierung von Tieren auf periodische Umweltbedingungen
325	*Hans-Georg von Schnering, Stuttgart*	Clusteranionen: Struktur und Eigenschaften
	Arndt Simon, Stuttgart	Neue Entwicklungen in der Chemie metallreicher Verbindungen
326	*Fritz Führ, Jülich*	Praxisnahe Tracerversuche zum Verbleib von Pflanzenschutzwirkstoffen im Agrarökosystem
	Hermann Sahm, Jülich	Biogasbildung und anaerobe Abwasserreinigung
327	*Hans-Heinrich Stiller, Jülich/Münster*	Das Projekt Spallations-Neutronenquelle
	Klaus Pinkau, Garching	Stand und Aussichten der Kernfusion mit magnetischem Einschluß
328	*Peter Starlinger, Köln*	Transposition: Ein neuer Mechanismus zur Evolution
	Klaus Rajewsky, Köln	Antikörperdiversität und Netzwerkregulation im Immunsystem
329	*Wilfried B. Krätzig, Bochum*	Große Naturzugkühltürme – Bauwerke der Energie- und Umwelttechnik
	Helmut Domke, Aachen	Neue Möglichkeiten in der Konstruktiven Gestaltung von Bauwerken

ABHANDLUNGEN

Band Nr.		
36	*Iselin Gundermann, Bonn*	Untersuchungen zum Gebetbüchlein der Herzogin Dorothea von Preußen
37	*Ulrich Eisenhardt, Bonn*	Die weltliche Gerichtsbarkeit der Offizialate in Köln, Bonn und Werl im 18. Jahrhundert
38	*Max Braubach, Bonn*	Bonner Professoren und Studenten in den Revolutionsjahren 1848/49
39	*Henning Bock (Bearb.), Berlin*	Adolf von Hildebrand, Gesammelte Schriften zur Kunst
40	*Geo Widengren, Uppsala*	Der Feudalismus im alten Iran
41	*Albrecht Dihle, Köln*	Homer-Probleme
42	*Frank Reuter, Erlangen*	Funkmeß. Die Entwicklung und der Einsatz des RADAR-Verfahrens in Deutschland bis zum Ende des Zweiten Weltkrieges
43	*Otto Eißfeldt, Halle, und Karl Heinrich Rengstorf, Münster (Hrsg.)*	Briefwechsel zwischen Franz Delitzsch und Wolf Wilhelm Graf Baudissin 1866–1890
44	*Reiner Haussherr, Bonn*	Michelangelos Kruzifixus für Vittoria Colonna. Bemerkungen zu Ikonographie und theologischer Deutung
45	*Gerd Kleinheyer, Regensburg*	Zur Rechtsgestalt von Akkusationsprozeß und peinlicher Frage im frühen 17. Jahrhundert. Ein Regensburger Anklageprozeß vor dem Reichshofrat. Anhang: Der Statt Regenspurg Peinliche Gerichtsordnung
46	*Heinrich Lausberg, Münster*	Das Sonett *Les Grenades* von Paul Valéry
47	*Jochen Schröder, Bonn*	Internationale Zuständigkeit. Entwurf eines Systems von Zuständigkeitsinteressen im zwischenstaatlichen Privatverfahrensrecht aufgrund rechtshistorischer, rechtsvergleichender und rechtspolitischer Betrachtungen
48	*Günther Stökl, Köln*	Testament und Siegel Ivans IV.
49	*Michael Weiers, Bonn*	Die Sprache der Moghol der Provinz Herat in Afghanistan
50	*Walther Heissig (Hrsg.), Bonn*	Schriftliche Quellen in Moġolī. 1. Teil: Texte in Faksimile
51	*Thea Buyken, Köln*	Die Constitutionen von Melfi und das Jus Francorum
52	*Jörg-Ulrich Fechner, Bochum*	Erfahrene und erfundene Landschaft. Aurelio de'Giorgi Bertòlas Deutschlandbild und die Begründung der Rheinromantik
53	*Johann Schwartzkopff (Red.), Bochum*	Symposium ‚Mechanoreception'
54	*Richard Glasser, Neustadt a. d. Weinstr.*	Über den Begriff des Oberflächlichen in der Romania
55	*Elmar Edel, Bonn*	Die Felsgräbernekropole der Qubbet el Hawa bei Assuan. II. Abteilung: Die althieratischen Topfaufschriften aus den Grabungsjahren 1972 und 1973
56	*Harald von Petrikovits, Bonn*	Die Innenbauten römischer Legionslager während der Prinzipatszeit
57	*Harm P. Westermann u. a., Bielefeld*	Einstufige Juristenausbildung. Kolloquium über die Entwicklung und Erprobung des Modells im Land Nordrhein-Westfalen
58	*Herbert Hesmer, Bonn*	Leben und Werk von Dietrich Brandis (1824–1907) – Begründer der tropischen Forstwirtschaft. Förderer der forstlichen Entwicklung in den USA. Botaniker und Ökologe
59	*Michael Weiers, Bonn*	Schriftliche Quellen in Moġolī, 2. Teil: Bearbeitung der Texte
60	*Reiner Haussherr, Bonn*	Rembrandts Jacobssegen. Überlegungen zur Deutung des Gemäldes in der Kasseler Galerie
61	*Heinrich Lausberg, Münster*	Der Hymnus ›Ave maris stella‹
62	*Michael Weiers, Bonn*	Schriftliche Quellen in Moġolī, 3. Teil: Poesie der Mogholen
63	*Werner H. Hauss, Münster; Robert W. Wissler, Chicago, Rolf Lehmann, Münster*	International Symposium 'State of Prevention and Therapy in Human Arteriosclerosis and in Animal Models'
64	*Heinrich Lausberg, Münster*	Der Hymnus ›Veni Creator Spiritus‹
65	*Nikolaus Himmelmann, Bonn*	Über Hirten-Genre in der antiken Kunst
66	*Elmar Edel, Bonn*	Die Felsgräbernekropole der Qubbet el Hawa bei Assuan. Paläographie der althieratischen Gefäßaufschriften aus den Grabungsjahren 1960 bis 1973
67	*Elmar Edel, Bonn*	Hieroglyphische Inschriften des Alten Reiches
68	*Wolfgang Ehrhardt, Athen*	Das Akademische Kunstmuseum der Universität Bonn unter der Direktion von Friedrich Gottlieb Welcker und Otto Jahn
69	*Walther Heissig, Bonn*	Geser-Studien. Untersuchungen zu den Erzählstoffen in den „neuen" Kapiteln des mongolischen Geser-Zyklus
70	*Werner H. Hauss, Münster; Robert W. Wissler, Chicago*	Second Münster International Arteriosclerosis Symposium: Clinical Implications of Recent Research Results in Arteriosclerosis

Sonderreihe

PAPYROLOGICA COLONIENSIA

Vol. I	
Aloys Kehl, Köln	Der Psalmenkommentar von Tura, Quaternio IX
Vol. II	
Erich Lüddeckens, Würzburg, P. Angelicus Kropp O. P., Klausen, Alfred Hermann und Manfred Weber, Köln	Demotische und Koptische Texte
Vol. III	
Stephanie West, Oxford	The Ptolemaic Papyri of Homer
Vol. IV	
Ursula Hagedorn und Dieter Hagedorn, Köln, Louise C. Youtie und Herbert C. Youtie, Ann Arbor	Das Archiv des Petaus (P. Petaus)
Vol. V	
Angelo Geißen, Köln *Wolfram Weiser, Köln*	Katalog Alexandrinischer Kaisermünzen der Sammlung des Instituts für Altertumskunde der Universität zu Köln Band 1: Augustus-Trajan (Nr. 1–740) Band 2: Hadrian-Antoninus Pius (Nr. 741–1994) Band 3: Marc Aurel-Gallienus (Nr. 1995–3014) Band 4: Claudius Gothicus – Domitius Domitianus, Gau-Prägungen, Anonyme Prägungen, Nachträge, Imitationen, Bleimünzen (Nr. 3015–3627) Band 5: Indices zu den Bänden 1 bis 4
Vol. VI	
J. David Thomas, Durham	The epistrategos in Ptolemaic and Roman Egypt Part 1: The Ptolemaic epistrategos Part 2: The Roman epistrategos
Vol. VII	Kölner Papyri (P. Köln)
Bärbel Kramer und Robert Hübner (Bearb.), Köln	Band 1
Bärbel Kramer und Dieter Hagedorn (Bearb.), Köln	Band 2
Bärbel Kramer, Michael Erler, Dieter Hagedorn und Robert Hübner (Bearb.), Köln	Band 3
Bärbel Kramer, Cornelia Römer und Dieter Hagedorn (Bearb.), Köln	Band 4
Vol. VIII	
Sayed Omar (Bearb.), Kairo	Das Archiv des Soterichos (P. Soterichos)
Vol. IX	Kölner ägyptische Papyri (P. Köln ägypt.)
Dieter Kurth, Heinz-Josef Thissen und Manfred Weber (Bearb.), Köln	Band 1
Vol. X	
Jeffrey S. Rusten, Cambridge, Mass.	Dionysius Scytobrachion
Vol. XI	
Wolfram Weiser, Köln	Katalog der Bithynischen Münzen der Sammlung des Instituts für Altertumskunde der Universität zu Köln Band 1: Nikaia. Mit einer Untersuchung der Prägesysteme und Gegenstempel

Verzeichnisse sämtlicher Veröffentlichungen der
Rheinisch-Westfälischen Akademie der Wissenschaften können beim
Westdeutschen Verlag GmbH, Postfach 30 06 20, 5090 Leverkusen 3 (Opladen),
angefordert werden

GPSR Compliance

The European Union's (EU) General Product Safety Regulation (GPSR) is a set of rules that requires consumer products to be safe and our obligations to ensure this.

If you have any concerns about our products, you can contact us on ProductSafety@springernature.com

In case Publisher is established outside the EU, the EU authorized representative is:

Springer Nature Customer Service Center GmbH
Europaplatz 3
69115 Heidelberg, Germany

Batch number: 10584556

Printed by Printforce, the Netherlands